GUIDO KORLATH

ZUR MOBILITÄT TERRESTRISCHER PLATTFORMEN

Österreichische Akademie der Wissenschaften
Kommission für die wissenschaftliche Zusammenarbeit
mit Dienststellen des BM für Landesverteidigung und Sport

Projektberichte
Herausgegeben von Hans Sünkel

Verlag der Österreichischen Akademie der Wissenschaften
Wien 2011

GUIDO KORLATH

ZUR MOBILITÄT TERRESTRISCHER PLATTFORMEN

TO THE MOBILITY OF TERRESTRIAL PLATFORMS

VERLAG DER ÖSTERREICHISCHEN AKADEMIE DER WISSENSCHAFTEN
WIEN 2011

*Vorgelegt bei der Sitzung
der math.-nat. Klasse
am 13. Oktober 2011*

ISBN 978-3-7001-7187-4

IMPRESSUM

*Medieninhaber und
Herausgeber:
Österreichische
Akademie der
Wissenschaften*

*Kommissionsobmann:
o. Univ.-Prof. DI Dr. Hans Sünkel, w. M.*

*Layout:
Dr. Katja Skodacsek*

*Lektorat:
DDr. Josef Kohlbacher*

*Druck:
Heeresdruckzentrum Wien
HDruckZ-ASt Stift 3840/11*

Wien, im Oktober 2011

Editorial

Die Kommission der Österreichischen Akademie der Wissenschaften für die wissenschaftliche Zusammenarbeit mit Dienststellen des Bundesministeriums für Landesverteidigung und Sport wurde auf Initiative von Herrn Altpräsidenten em. o. Univ.-Prof. Dr. Dr. h. c. Otto HITTMAIR und Herrn General i. R. Erich EDER in der Gesamtsitzung der Österreichischen Akademie der Wissenschaften am 4. März 1994 gegründet.

Entsprechend dem Übereinkommen zwischen der Österreichischen Akademie der Wissenschaften und dem Bundesministerium für Landesverteidigung und Sport besteht die Zielsetzung der Kommission darin, für Projekte der Grundlagenforschung von Mitgliedern der Österreichischen Akademie der Wissenschaften, deren Fragestellungen auch für das Bundesministerium für Landesverteidigung und Sport eine gewisse Relevanz besitzen, die finanzielle Unterstützung des Bundesministeriums zu gewinnen. Von Seiten des Bundesministeriums für Landesverteidigung und Sport wird andererseits die Möglichkeit wahrgenommen, den im eigenen Bereich nicht abgedeckten Forschungsbedarf an Mitglieder der höchstrangigen wissenschaftlichen Institution Österreichs vergeben zu können.

In der Sitzung der Kommission am 16. Oktober 1998 wurde der einstimmige Beschluss gefasst, eine Publikationsreihe zu eröffnen, in der wichtige Ergebnisse von Forschungsprojekten in Form von Booklets dargestellt werden.

Meiner Vorgängerin in der Funktion des Kommissionsobmanns, Frau em. o. Univ.-Prof. Dr. DDr. h. c. Elisabeth LICHTENBERGER, sind die Realisierung und die moderne, zweckmäßige Gestaltung dieser Publikationsreihe zu verdanken.

Das Bundesministerium für Landesverteidigung und Sport hat dankenswerterweise die Finanzierung der Projektberichte übernommen, welche im Verlag der Österreichischen Akademie der Wissenschaften erscheinen.

Hiermit wird

- Projektbericht 13:
  Guido Korlath: Zur Mobilität terrestrischer Plattformen. Wien 2011.

vorgelegt.

Wien, im Oktober 2011 Hans Sünkel

Vorwort
des Kommissionsobmanns und des Obmann-Stellvertreters

Mobilität terrestrischer Plattformen bestimmt heute wesentlich den Alltag zahlreicher Menschen im zivilen wie im militärischen Leben:

- schienenungebunden in Gestalt etwa des Automobils als Personen- oder Lastkraftwagen im Straßenverkehr, zunehmend auch geländegängig, und
- schienengebunden in Gestalt der Eisenbahn, der Straßenbahn oder unterschiedlicher Formen von (Stand-)Seilbahnen oder anderer erdgebundener Aufstiegshilfen.

Das Österreichische Bundesheer (ÖBH) ist als hauptsächliche Landstreitkraft ganz besonders auf die Mobilität terrestrischer Plattformen, seien diese Kampf- oder Unterstützungsfahrzeuge, Waffenträger oder Sonderfahrzeuge (beispielsweise Pionierfahrzeuge zur Brückenlegung) sowie die Eisenbahn für Truppen- oder Materialtransporte, angewiesen. Im schienenungebundenen Anwendungsbereich ist besonders die Geländegängigkeit terrestrischer Plattformen unter (nahezu) allen Witterungsbedingungen von größter Bedeutung.

Unsere Kommission ist in der glücklichen Lage, in der Person von Herrn Dipl.-Ing. Dr. techn. Guido KORLATH einen ausgewiesenen österreichischen Fachmann auf dem Gebiet der Mobilität terrestrischer Plattformen zur Mitwirkung gewonnen zu haben.

Dr. KORLATH hat es dankenswerterweise unternommen, im vorliegenden Projektbericht 13 „Zur Mobilität terrestrischer Plattformen" fundierte Einblicke in Grundlagen, Fragestellungen, Entwicklungen und auch Ausblicke dieses dual interessierenden Fachbereichs zu bieten und dabei auch auf mögliche militärische Nutzanwendungen einzugehen.

Die an das Österreichische Bundesheer immer öfter und teils auch kurzfristiger gestellten Anforderungen, mit eigenen oder auch lokal zur Nutzung überlassenen terrestrischen Plattformen anderer Eigentümer in internationale, vorwiegend UN-Einsätze in unterschiedlichste Einsatzräume zu gehen, könnte auch die Nachfrage nach vertieftem Wissen und effizienterem Werkzeug zur Mobilitätsanalyse und Simulation erhöhen und in Vorschlägen dieses Projektberichts erste Antworten finden.

Graz und Wien, im Oktober 2011

o. Univ.-Prof. Dipl.-Ing. Dr. techn. Hans SÜNKEL, w. M. Kommissionsobmann	General Mag. Edmund ENTACHER Stellvertretender Kommissionsobmann

Inhaltsverzeichnis

Kurzfassung

Terrestrische Mobilität überspannt ein in hohem Maß interdisziplinäres Forschungsfeld. Ihre wissenschaftliche Bewältigung erfordert einen fachlich breit gefächerten Ansatz.

Terrestrische Mobilität umfasst sämtliche bodengestützte Fortbewegungsarten, wobei im vorliegenden Fall die Betrachtungen auf rad- und kettenbasierte Mobilitätsplattformen beschränkt bleiben. Sonderfälle (aus heutiger Sicht), wie beispielsweise Schreitgeräte u. dgl., werden nicht behandelt.

Plattformen terrestrischer Mobilität unterscheiden sich in autonom (d.h. ohne [Fern-] Lenker bzw. -Lenkung) operierende oder durch einen menschlichen Operator gesteuerte Plattformen mit Bodenkontakt.

Unterscheidungen nach charakteristischen Merkmalen, wie beispielsweise Laufwerkstruktur (Rad versus Kette) oder Operationsmodus ([fern-]gelenkt versus autonom gesteuert), weisen auf eine sehr hohe Komplexität der Thematik hin.

Die Vielfalt möglichen Untergrundes kompliziert die Betrachtungen weiter. Auch dieser erfordert geeignete Klassifizierungen – etwa jene in befestigt oder unbefestigt. In der Klasse unbefestigten Untergrundes (Boden) sind ebenso weitere Unterteilungen nötig, z. B. in Sand-, Lehm- oder Ackerböden, was wiederum zusätzliche Kenngrößen und ergänzende Charakteristika erfordert.

Die Einsatzplanung für terrestrische Plattformen umfasst eine ganze Bandbreite. Diese kann von der Analyse von und der Planung für Einzelfahrzeuge bis hin zu Mobilitätsauswertungen von Fahrzeugzügen bzw. – allgemeiner – Fahrzeugverbänden reichen. Letztere sind aus heterogenen Fahrzeugklassen (z. B. geländegängige Lastkraftwagen (eventuell unterschiedlicher Beladungszustände) und (Berge-)Panzer im selben Verband) zusammengesetzt. Es gilt dabei für vorgegebene Fahrzeugverbände mit bestimmten Missionen bzw. Aufträgen auch die jeweils missionslimitierenden Mobilitätskenngrößen zu ermitteln, um deren Auswirkungen auf konkrete Einsätze mitberücksichtigen zu können. Ansätze hiezu werden im Kapitel Missions-Profile angeboten.

Mobilität wird nicht zuletzt erheblich vom Operator, also einem menschlichen (Fern-)Lenker („Fahrer“) oder einer als Lenker fungierenden sensor- und erfahrungsspeichergestützten technischen Steuerungslogik, kurz einer autonomen Steuerung, beeinflusst. Zusammengefasst wird dabei vom Faktor Mensch gesprochen, der durch seine subjektiven Aktionen bzw. Reaktionen – sei es in Echtzeit oder im Wege technischer Speicherung zeitlich verzögert – das Mobilitätsverhalten (auch) terrestrischer Plattformen wesentlich beeinflusst bzw. mitgestaltet. Gerade zu diesem Thema sind zukünftig noch erhebliche Fortschritte zu erwarten. Neue Erkenntnisse zum Operatorverhalten fließen auch direkt in Schulung und Ausbildung von Menschen als Lenker derartiger Plattformen sowie in das Training Einzelner oder ganzer Verbände ein. Auf der industriellen Ebene übersetzen sich derartige Erkenntniszuwächse in verbesserte Fähigkeiten autonomer Steuerungen zukünftiger terrestrischer Plattformen bis hin zur – eines Tages vielleicht vollautonomen – Mobilitätsoptimierung von Fahrzeugverbänden.

Abstract

Terrestrial mobility opens up a highly interdisciplinary area of research. Successful coverage requires a wide range of technical capabilities approach.

Terrestrial mobility comprises all land-based kinds of locomotion – the publication presented, however, reduces its focus on wheeled and tracked mobility platforms. Special (at least today) cases like walking machines are not considered.

Furthermore, a distinction has to be made between autonomously (without any human driver or "unmanned") operating platforms and platforms (radio-)controlled directly by a human operator ("manned").

The complexity of this topic is demonstrated by considerations necessary on various characteristics like running gear (wheel versus track) or operational mode (manned versus unmanned).

A wide range of soils increases complexity further and needs a specific kind of classification, e. g. paved or unpaved.

Unpaved ground is to be divided in further sub-classes, like sand, loam or farmland, which themselves need a useful set of defined characteristic parameters.

Mission Planning including terrestrial platforms is of a broad task too. In detail, this covers the whole bandwidth starting with a simple analysis of one single vehicle over a certain mission profile up to units/convoys comprising different vehicle types (e. g. all-terrain trucks and tanks within a same unit/convoy). Goal is to learn more about mobility limiting factors for missions needing to deploy mixed terrestrial platform units/convoys and to include findings in proper mission planning.

Finally, terrestrial platform mobility is also determined by the operator – either a human driver or a technical system based upon sensing combined with predetermined reaction patterns, autonomy in brief. Subjective actions and reactions of operators, real time or time shifted, so called human factors, have a non-negligible impact on the mission performance of (also) terrestrial mobility platforms. The latter research area promises substantial progress in the future.

New findings on operator behavior patterns provide useful data for education and training of individuals and units operating terrestrial platforms. At the industrial level such findings translate into enhanced capabilities of autonomously driven systems for future terrestrial platforms and might, eventually, end up in fully autonomous optimization of mobility for mixed terrestrial platform units in all-terrain missions.

1 Einleitung

Motorisierte Beweglichkeit in unbefestigtem Gelände beschreibt die höchste Form der Mobilität von Kraftfahrzeugen. Zur Erfüllung dieser Herausforderung wurden verschiedenste Konzepte entwickelt, erprobt und intensiven Feldversuchen unterzogen. Viele, teils sehr unkonventionelle, Ideen überstanden die Prototyp-Phase jedoch nicht. Dies war oftmals in ihrer mangelnden Alltagstauglichkeit begründet. So herausragend die Geländegängigkeit auch sein mochte, konnten oft die Anforderungen einer konventionellen Mobilität nicht (mehr) erfüllt werden. Dies führte letztlich dazu, dass heutzutage Ketten- und Radfahrzeuge, abgesehen von Spezial- und Insellösungen, die Hauptgruppe der geländegängigen Kraftfahrzeuge stellen.

Trotz dieser Reduktion der Konzepte stellt sich immer wieder die Frage:

Welches dieser Laufwerkskonzepte für welche Aufgabe?
oder, anders formuliert:
Rad versus *Kette*.

Um diese Frage auch nur annähernd beantworten zu können, sind umfangreiche Kenntnisse des Fahrzeuges sowie des Einsatzzweckes notwendig.

Der Umfang bzw. die Aussagekraft von Mobilitätsbeurteilungen reicht von der einfach(st)en Bewertung einer Go-/No-Go-Situation (z. B. durch Vergleich von charakteristischen/empirischen Kennwerten) bis zur analytischen Betrachtung des Geschwindigkeitsverhaltens von Fahrzeugen unter Berücksichtigung von Bodenparametern sowie der Antriebsstrangcharakteristika des Fahrzeuges. Im Falle der analytischen Betrachtung stehen u. a. folgende Verfahren zur Verfügung – siehe auch Bild 1:

- $P \cdot \mu$-Ansatz: Ermittlung der übertragbaren Umfangskraft U mittels des Verhältnisses von Umfangskraft zu Radlast P ($\frac{U}{P} = \mu$ bzw. $U = P \cdot \mu$).
- Cone-Index-Methode: Hierbei wird ein genau definierter Kegel (Cone) in den Untergrund gedrückt und über die Eindringtiefe der aufgebrachte Druck gemessen. Danach wird über empirische Formeln eine Zugkraft-Schlupf-Kurve ermittelt, die als Grundlage für weitere Auswertungen dient.
- Spannungsintegral: Verwendung mathematisch geschlossener Ansätze zur Beschreibung des Spannungszustandes im unmittelbaren Berührungsbereich Laufwerk-Boden und Ermittlung der Bodenparameter zur Beschreibung der übertragbaren Zugkräfte.
- FEM, DEM: Einsatz der Finiten-Elemente-Methode (FEM) – wie u. a. aus der Festigkeitsberechnung bekannt – bzw. der *Distinct-Element*-Methode (DEM) – Beschreibung des Zusammenhaltes der Bodenteilchen mittels Feder-Dämpfer-Systemen – zur Modellierung des Untergrundes.

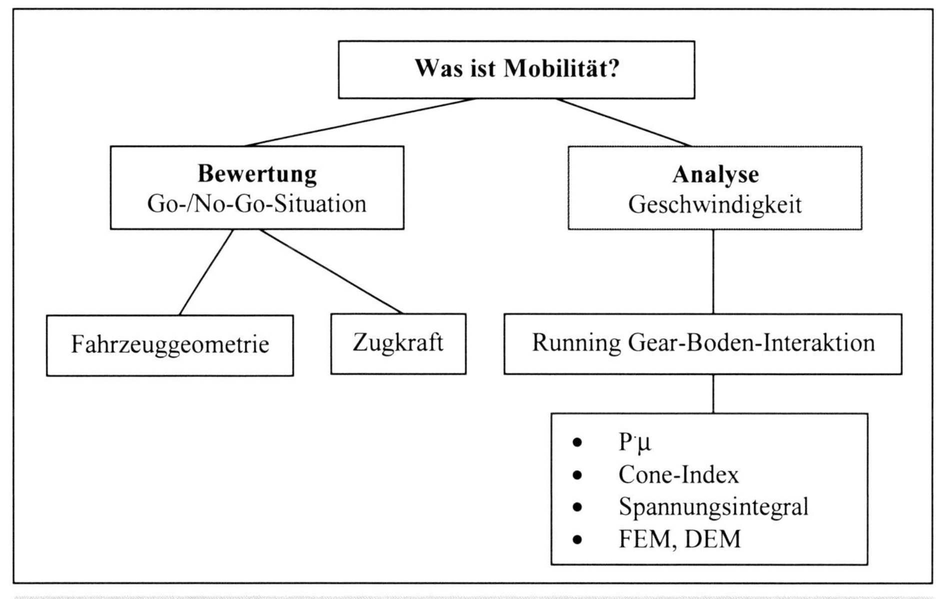

Bild 1: Was ist Mobilität?

1.1 Ziel dieser Publikation

Ziel der vorliegenden Publikation ist die Vorstellung eines zweidimensionalen, analytischen Simulationsmodells unter Verwendung der Theorien des Spannungsintegrals zur Bewertung des Geschwindigkeitsverhaltens von Ketten- und Radfahrzeugen bei Einsätzen auf unterschiedlichen Geländetopographien (Steigung/Gefälle) auf unbefestigtem (wie auch befestigtem) Untergrund.

Das Hauptaugenmerk liegt dabei einerseits auf der direkten Vergleichbarkeit und Beurteilung verschiedener Modellansätze im Bereich der Laufwerk-Boden-Interaktion (wie bspw. der Druckverteilungsansatz bei Kettenfahrzeugen bzw. das Radmodell bei Radfahrzeugen) und andererseits auf der Beurteilung der unterschiedlichen Laufwerkskonzepte (Rad vs. Kette) hinsichtlich Anfahr- und Vortriebsverhalten sowie deren Bewertung über ein längeres, durch unterschiedliche Bodenarten und Topographien charakterisiertes Wegprofil, dem sogenannten Missionsprofil.

1.2 Überblick über die Modellbildung

Basis der Modellbildung sind einerseits die Bodencharakterisierungstheorien (Bereich 1 in Bild 2) nach Terzaghi, Coulomb, Bekker und Wong sowie andererseits die Charakteristik von Motor, Antriebsstrang und etwaigen Aggregaten (Bereich 2 in Bild 2) in Verbindung mit den Gesetzen der Fahrdynamik von Kraftfahrzeugen.

Grundlage der Simulation bzw. des Rechenmodells sind umfassende Analysen über die Wechselwirkung des Fahrzeugs mit dem zu bewältigenden Gelände. Dies erlaubt unter Verwendung der Methode nach Bekker einerseits Aussagen über den Boden in Form der Druck-Einsink-Beziehung und des Scherspannung-Scherweg-Verlaufes als Grundlage für die Analyse der Fahrzeug-Boden-Interaktion mittels des Spannungsintegrals in Form einer Zugkraft-Schlupf-Kurve sowie in weiterer Folge gesamtheitliche Bewegungsanalysen des jeweils zu betrachtenden Kraftfahrzeuges in Form von Geschwindigkeit-Zeit-Verlauf (Anfahrvorgang) und Geschwindigkeit-Weg-Verlauf (Missionsprofilanalyse).

Diese Auswertungen erlauben einen direkten Vergleich von Ketten- und Radfahrzeugen für bestimmte Mobilitätsanforderungen, bieten aber auch die Möglichkeit einer Optimierung eines Antriebskonzeptes hinsichtlich der relevanten Parameter wie Laufwerksgeometrie, Motor, Getriebe etc. und dienen schlussendlich auch der Ausbildung durch die Möglichkeit der detaillierten Auswertung besonders heikler Vortriebssituationen.

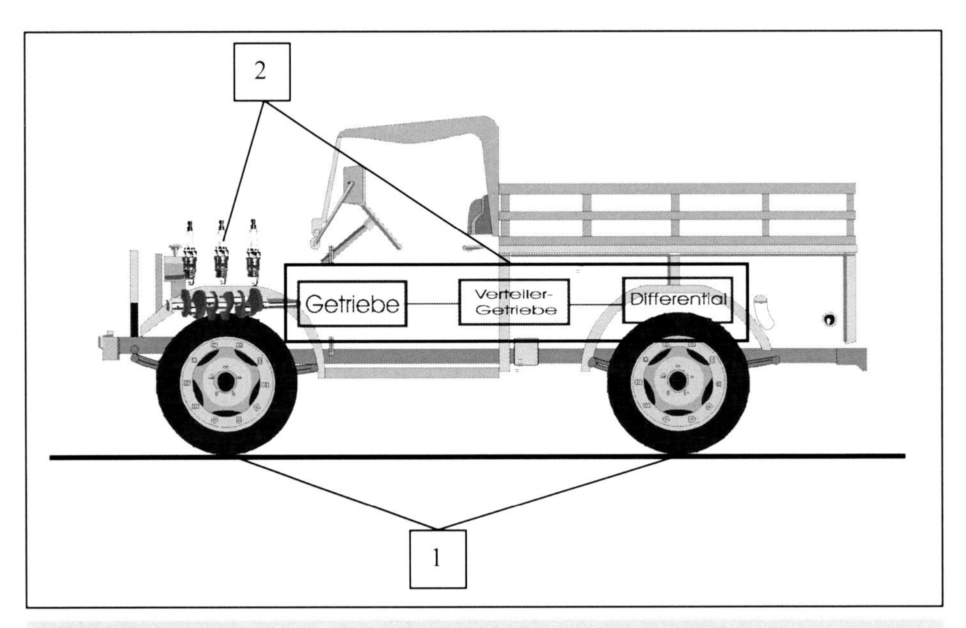

Bild 2: Modellbildung

2 Voraussetzungen und Einschränkungen

Im Rahmen dieser Ausführungen wird ausschließlich ein zweidimensionales Fahrzeug- und Bodenmodell verwendet und es werden nur geradlinige Bewegungen untersucht. Unterschiedliche Bodenverhältnisse zwischen linker und rechter Fahrzeugseite, Schwingungen sowie Kurvenfahrt werden im Rahmen dieser Publikation nicht berücksichtigt.

3 Grundlagen

3.1 Terramechanische Grundlagen

3.1.1 Allgemeines

Die Beurteilung der Mobilitätssituation von Fahrzeugen auf unbefestigtem Untergrund ist durch die komplizierte Fahrwerk-Boden-Interaktion ungleich schwieriger als die Fortbewegung auf befestigter Fahrbahn.

Die Interaktion zwischen Laufwerk und Untergrund kann grundsätzlich auf folgende Arten beschrieben werden:

- **Analytische Methode:** physikalische Modellbildung zwischen Laufwerk und Untergrund (Spannungsintegral nach Bekker, Wong und anderen).
- **Empirische Methode:** empirisches Bewerten der Fahrzeug- und Bodendaten mit anschließendem Vergleich dieser Werte (z.B. Cone-Index-Methode), basierend auf praktischen Erfahrungswerten.
- **Finite-Elemente-Methode (FEM):** Simulation der Interaktion zwischen Laufwerk und Untergrund mit Hilfe der Finiten-Elemente-Methode wie sie u. a. in der Festigkeitsberechnung Anwendung findet.
- **Distinct-Elemente-Methode (DEM):** Simulation der Interaktion zwischen Laufwerk und Untergrund mit Hilfe von Feder-/Dämpfer-Systemen zur Beschreibung des Bodenverhaltens unter Belastung.

Im Folgenden wird als universeller Ansatz die analytische Methode vorgestellt, die ihre Grundlage vornehmlich in den Arbeiten von Bekker und Wong hat und die grundlegend auf zwei Ansätzen, der Druck-Einsink-Beziehung und der Scherspannung-Scherweg-Beziehung, basiert.

Eine schematische Darstellung eines Fahrzeug-Boden-Interaktionsmodells zeigt Bild 3. Dieses Modell, gültig sowohl für Rad- wie auch Kettenlaufwerk, zeigt die Wechselwirkung zwischen Fahrzeug und Gelände und beinhaltet symbolisch die einzelnen Bereiche und Elemente der gegenseitigen Beeinflussung (Aktion und Reaktion).

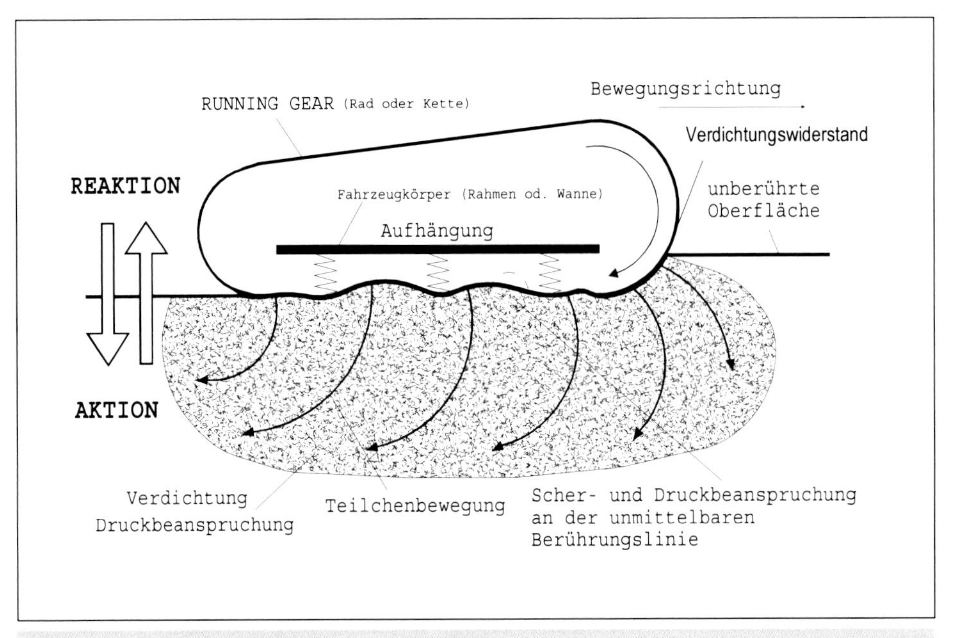

Bild 3: Interaktionsmodell Fahrzeug – Boden

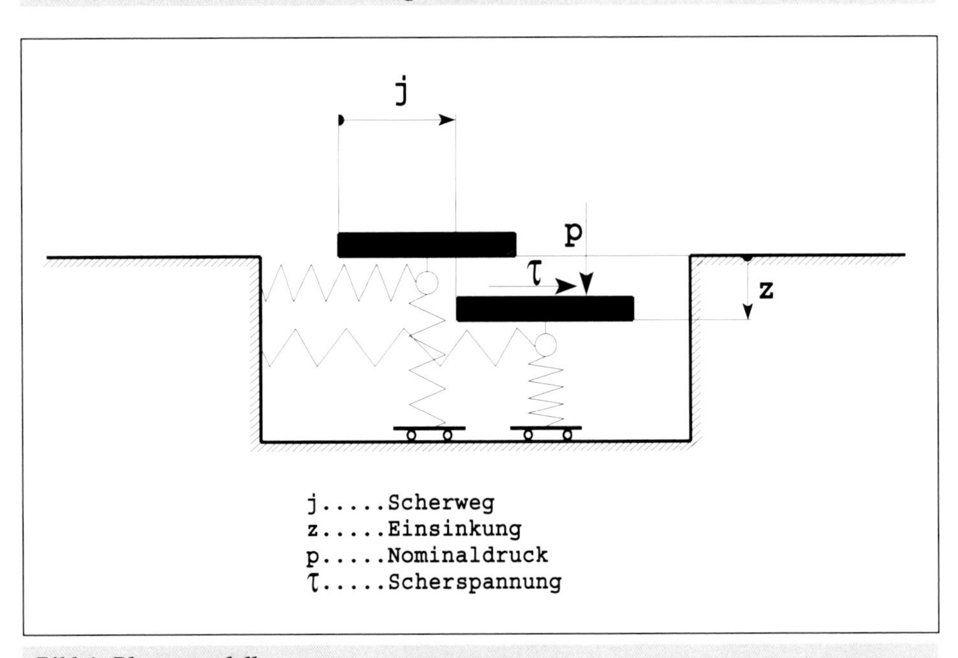

Bild 4: Plattenmodell

Der Fahrzeugkörper (Rahmen oder Wanne) stützt sich über elastische Elemente (Laufwerk) auf der Oberfläche ab. Dadurch wird im unmittelbaren Berührungsbereich und in einem weiteren Bereich um die unmittelbare Interaktion das Erdreich beeinflusst.

Mittels der analytischen Methode werden nun die Spannungen im unmittelbaren Berührungsbereich modelliert – die Beeinflussung der weiteren Bereiche um die Kontaktfläche wird nicht berücksichtigt. Dieser Ansatz ist in Bild 4 in Form des einfachen Plattenmodells dargestellt und wird zur Modellbildung der Druck-Einsink-Beziehung herangezogen.

Die Bewegung eines kleinen Elementes wird in eine vertikale Bewegung (z) durch den Normaldruck (p) und eine horizontale Bewegung (j) durch die Tangentialspannung (τ) aufgeteilt.

Vorerst werden diese beiden Bewegungen getrennt betrachtet (siehe 3.1.2 und 3.1.3) um sie letztlich in der Coulomb'schen Beziehung zusammenzuführen.

Als Idealisierung wird dabei jedoch davon ausgegangen, dass die dargestellten Federelemente, die den Verformungswiderstand des Bodens darstellen, nicht nur elastisch, sondern auch plastisch verformt werden und daher keine lineare Charakteristik haben.

3.1.2 Druck-Einsink-Beziehung nach Bekker

Hierbei wird der Zusammenhang zwischen dem aufgebrachten Normaldruck p und der daraus resultierenden Einsinktiefe z beschrieben.

Erste Ansätze kamen von Bernstein und Goriatchkin. Die Beziehung nach Bernstein war nur bedingt realitätsbezogen, da sie nur einen Bodenfaktor enthält und lediglich für Ackerböden Gültigkeit besitzt. Durch die Einbeziehung eines zweiten, den Boden beschreibenden Faktors durch Goriatchkin wurde die Aussagekraft schon deutlich erhöht, zumal sie außerdem keine Einschränkung in der Gültigkeit hinsichtlich der Bodenart aufweist. Einen gravierenden Nachteil wiesen beide Ansätze jedoch auf – die Geometrie der eindringenden Platte wurde nicht berücksichtigt.

Bekker hat nun versucht, diesem Umstand Rechnung zu tragen und einen Formparameter des Druckkörpers in die Druck-Einsink-Beziehung mit einfließen zu lassen, wodurch sich folgender empirischer Zusammenhang ergab:

$$p = \left(\frac{k_c}{b} + k_\Phi\right) z^n \qquad (1)$$

Darin bedeuten:

p.... mittlerer Plattendruck [kN/m^2]
z.... Einsinktiefe [m]
b.... Formparameter des Prüfkörpers (z. B. Plattenbreite bzw. -durchmesser [m])
k_c... kohäsives Modul [kN/m^{n+1}]
k_Φ.. Reibungsmodul [kN/m^{n+2}]
n.... bodencharakteristischer Exponent [-]

Anmerkung: die Einheiten des kohäsiven Moduls sowie des Reibungsmoduls stellen keine Dimensionen im herkömmlichen Sinn dar; sie dienen nur dazu, die Dimensionshaltigkeit der Formel zu wahren.

Die Praxis hat gezeigt, dass bei Verwendung von rechteckigen oder runden Prüfkörpern nur geringfügige Unterschiede in den Ergebnissen zu beobachten sind, wenn folgende Voraussetzungen erfüllt sind:

- Plattenbreite (rechteckige Platte, siehe unten) bzw. -radius mindestens 5 cm, besser 10 cm (optimal wäre eine Breite/ein Durchmesser ähnlich der tatsächlichen Laufwerksgeometrie – d. h. Rad- bzw. Kettenbreite).
- Bei Verwendung rechteckiger Prüfkörper sollte das Längen-/Breitenverhältnis mindestens 5–7 betragen.

Die experimentelle Bestimmung von k_c und k_Φ erfolgt mittels zweier Eindrückversuche auf gleichartigem Boden mit verschiedenen Plattenbreiten b_1 und b_2. Der Versuchsaufbau eines solchen Eindrückversuches mittels Plattenpentrometer ist in Bild 5 dargestellt. Dabei wird die Einsinktiefe z über dem jeweilig anliegenden Druck p gemessen.

Die Einsinktiefe z wird in der Praxis über den Stempelweg ermittelt. Dabei wird – ausgehend vom Nullniveau bei Bodenberührung – der Stempelweg als Maß für die Einsinkung herangezogen, um etwaige Messungenauigkeiten bei Bodenrückfederung durch Entlastung zu vermeiden.

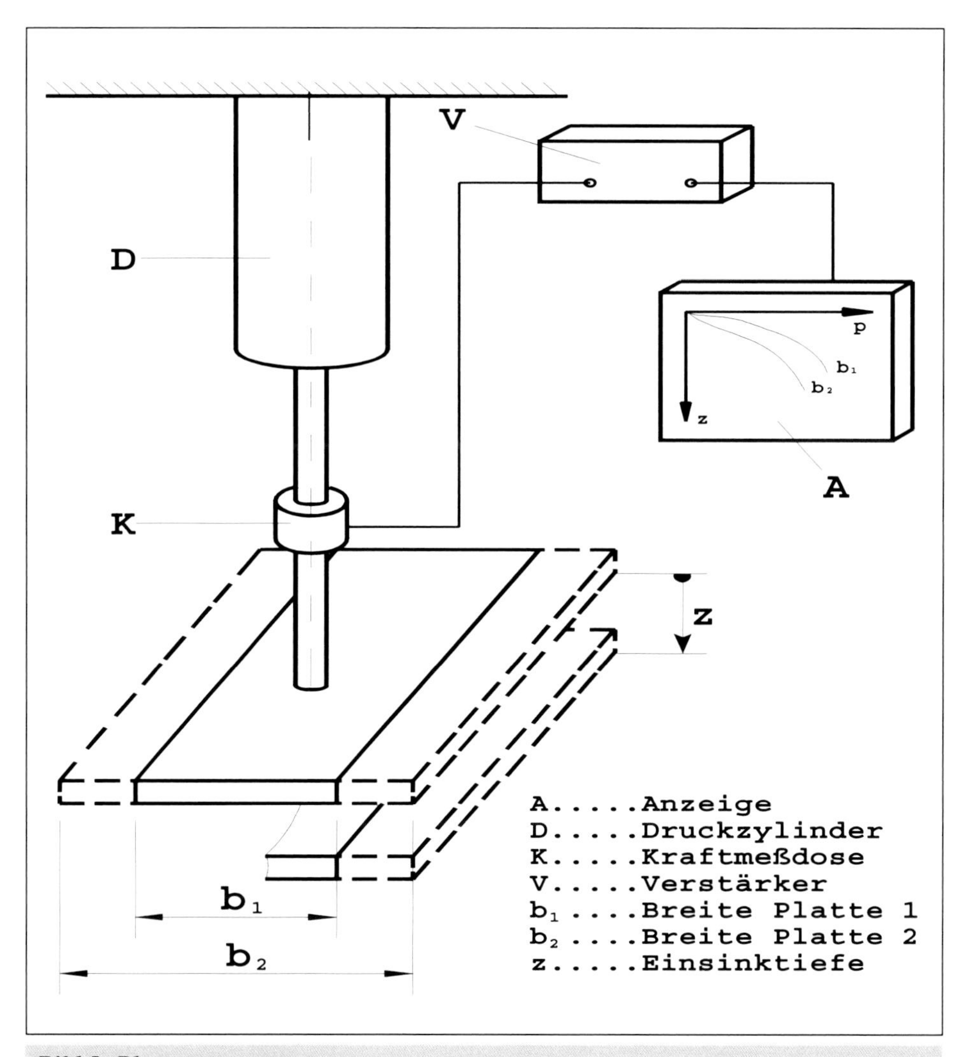

Bild 5: Plattenpentrometer

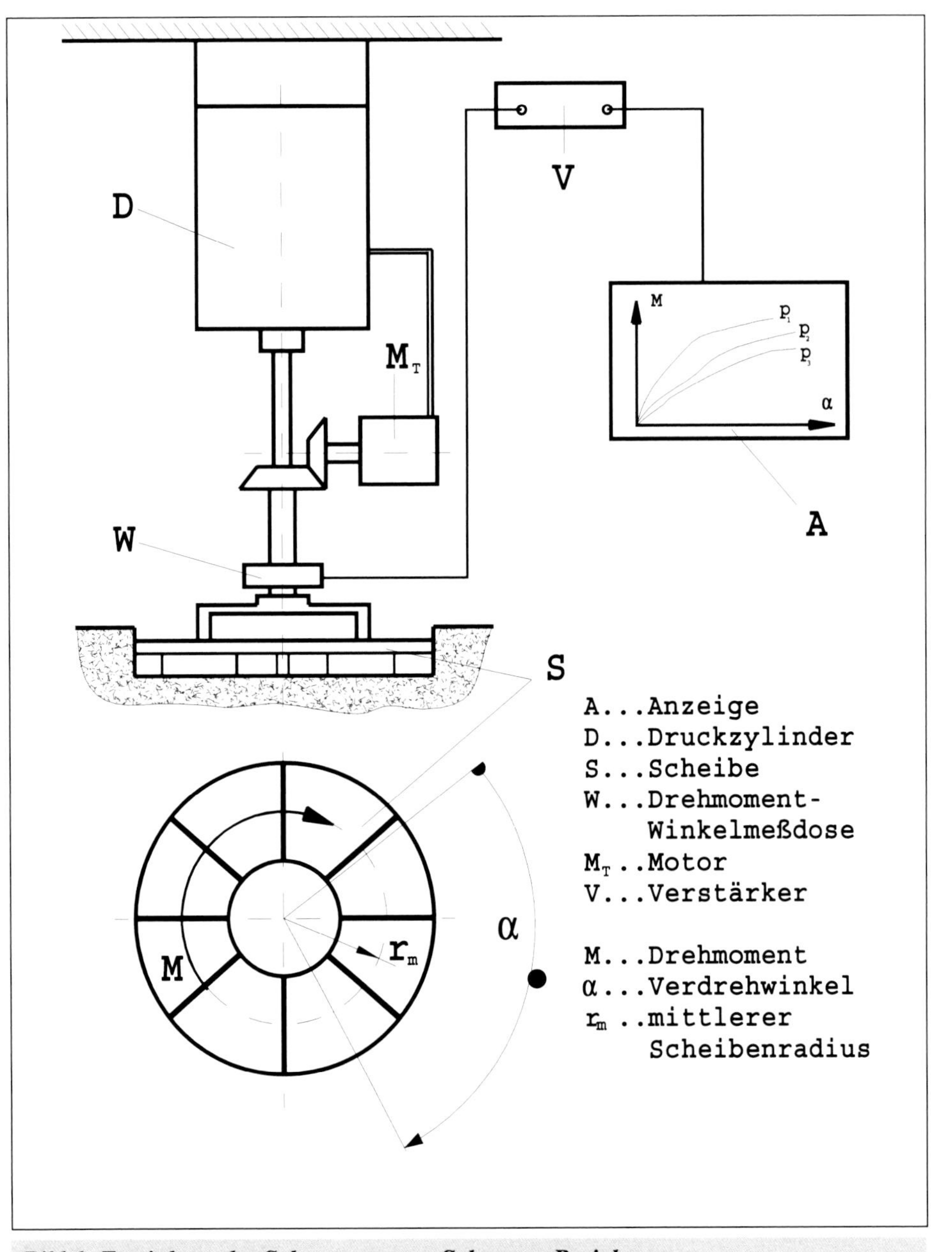

Bild 6: Ermittlung der Scherspannung-Scherweg-Beziehung

3.1.3 Scherspannung-Scherweg-Beziehung

Der Zusammenhang zwischen Scherspannung und Scherweg wird durch die Art des Bodens und den aufgebrachten Normaldruck bestimmt. Die Erfahrung zeigt, dass sich durch Erhöhung des Plattendruckes die übertragbare Scherspannung erhöhen lässt.

Die Ermittlung der Scherspannung-Scherweg-Beziehung erfolgt im Versuch, wobei prinzipiell zwei Verfahren (und deren Abwandlungen) zum Einsatz kommen – die translatorische und die rotatorische Methode.

Beide Methoden sowie deren Randbedingungen sind u. a. bei Wong näher beschrieben.

Beispielhaft ist die rotatorische Variante in Bild 6 dargestellt. Dabei wird eine Scheibe S durch eine Normallast, die durch den Druckzylinder D aufgebracht wird, belastet, wodurch sich auch ein definierter Normaldruck p und eine bestimmte Einsinkung ergeben. Gleichzeitig wird die Scheibe durch den Motor M_T in Drehung versetzt. Das dabei notwendige Drehmoment M zur Erreichung eines bestimmten Drehwinkels α wird durch die Drehmoment-Drehwinkel-Messdose gemessen und als Funktion der Normallast über dem Drehwinkel ermittelt. Die translatorische Messmethode erfolgt analog, nur wird hierbei eine rechteckige, belastete Platte linear über den Boden gezogen und dabei die notwendige Zugkraft wieder als Funktion der Normallast über dem Scherweg gemessen.

Die Form der Scherspannung (τ)-Scherweg (j)-Kurve hängt stark von der Bodenart ab (vgl. Bild 9). Während weiche Böden einen fortwährenden Anstieg bis zum asymptotischen Maximalwert haben (charakterisiert durch den Bodenparameter K), tritt bei harten Böden durch das Abreißen der sogenannten Scholle – der obersten Bodenschicht – ein maximaler Wert auf, der sich dann ebenfalls assymptotisch einem Endwert nähert (charakterisiert durch die Parameter K_1 und K_2). Je härter der Boden ist, umso steiler ist dieser „Hump" um den maximalen Wert ausgeprägt.

Somit ergibt sich als zweiter fundamentaler – jedoch experimentell ermittelter – Zusammenhang zwischen der jeweils aufgebrachten Normalspannung p und der maximalen Scherspannung τ_{max} die COULOMB`sche Gleichung:

$$\tau_{max} = c + p \tan \varphi \qquad (2)$$

Darin bedeuten:

τ_{max}.... max. übertragbare Scherspannung [N/m²]
c........ Kohäsionswert (innerer Zusammenhalt ohne Normaldruck) [N/m²]
p........ aufgebrachter Nominaldruck [N/m²]
φ........ Winkel der inneren Reibung (ermittelt aus der bei verschiedenen Normalspannungen p auftretenden maximalen Scherspannung) [°]

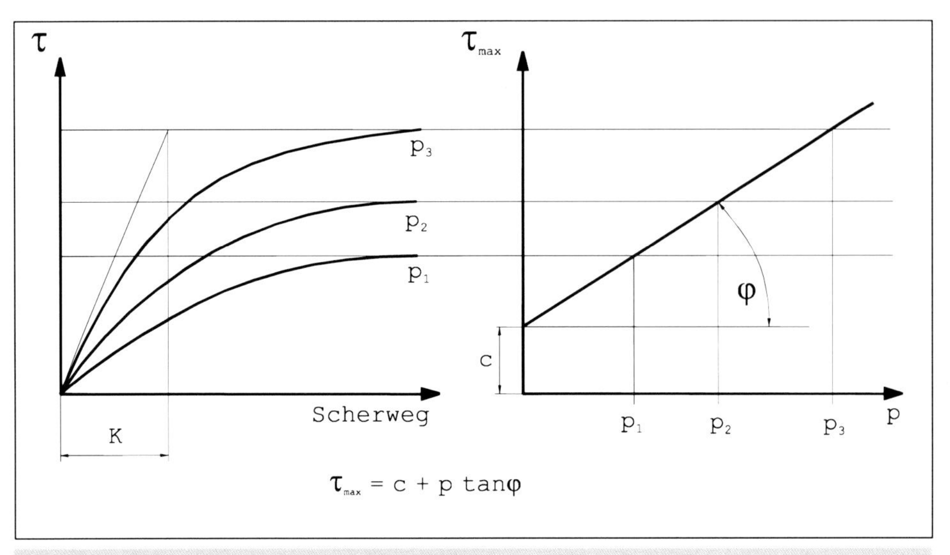

Bild 7: Scherspannung-Scherweg-Beziehung

Basierend auf diesem Zusammenhang gibt es nun verschiedene (wiederum empirische) Ansätze zur Definition der Scherspannung-Scherweg-Beziehung.

Eine einfache und handhabbare Darstellung dieser Beziehung erhält man, wenn τ_{max} als Parameter gewählt wird.

Nach Janosi-Hanamoto gilt:

$$\tau = \tau_{max}\left(1 - e^{-\frac{j}{K}}\right) \tag{3}$$

Es bedeuten (siehe auch Bild 7 und 8):

j...... Scherweg [m]
K.... charakteristischer Bodenfaktor [m]
(charakterisiert die Steigung der Kurve im Ursprung)

Dieser Ansatz ergibt eine sehr gute Charakterisierung weicher Böden, deren Scherspannung-Scherweg-Beziehung keinen „Hump" (dies bezeichnet ein Ansteigen der Scherspannung über den Maximalwert im Bereich kleiner Scherwege – deutbar als kurzzeitig erhöhter innerer Zusammenhalt bis zum Abreißen der Oberfläche) aufweisen (siehe Bild 8); aber auch mittelharte Böden mit geringem „Hump" können damit in ausreichender Näherung beschrieben werden.

In der Literatur finden sich zwei weitere, einfach zu handhabende Ansätze zur Beschreibung des Scherspannung-Scherweg-Verhaltens sowohl für organische als auch feste Bodenarten. Diese mögen hier nur kurz hinsichtlich ihrer Charakteristika erwähnt werden:

Für organischen Boden zeigt der τ -j-Verlauf einen ausgeprägten Maximalwert (charakterisiert durch den Parameter K_1) und fällt dann wieder drastisch (oftmals gegen null) ab (siehe Bild 8).

Für feste Böden, Schlamm, Lehm und gefrorenen Schnee (charakterisiert durch die Parameter K_1 und K_2) zeigt der τ -j-Verlauf ebenfalls einen ausgeprägten Maximalwert, fällt danach aber auf eine verbleibende Scherspannung τ_{Rest} ab.

Es gilt für Bild 8:

j......... Scherweg [m]

K_1..... charakterisiert den Scherweg, bei dem die maximale Scherspannung übertragen werden kann [m]

K_2...... Verhältnis zwischen bleibender und maximaler Scherspannung [-]

Der Zusammenhang zwischen der Scherspannung τ_{max} und dem aufgebrachten Normaldruck p wird im Folgenden durch die Coulomb'sche Beziehung und den Spannungsverlauf beschrieben. Bei Verwendung der Beziehung nach Janosi-Hanamoto gilt somit der fundamentale Zusammenhang:

$$\tau = (c + p \tan \varphi)(1 - e^{-\frac{j}{K}}) \tag{4}$$

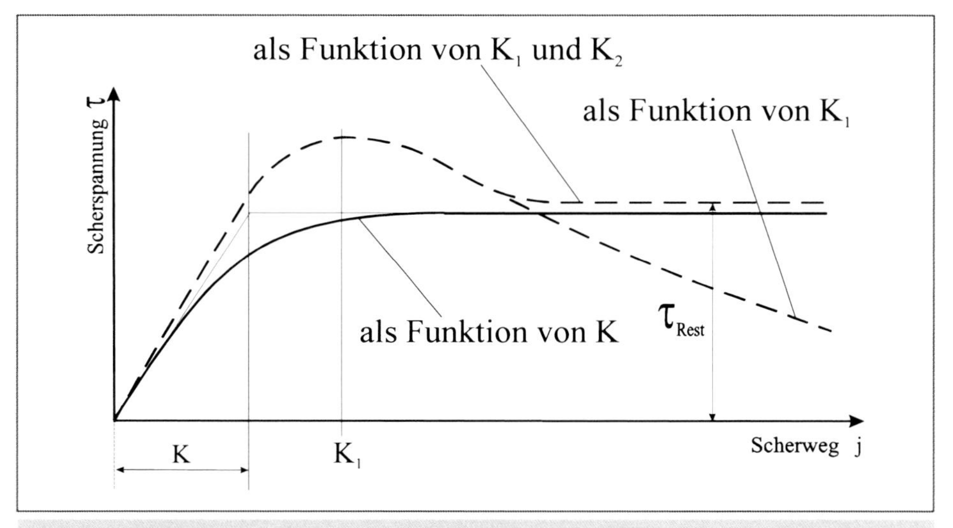

Bild 8: Scherspannung-Scherweg-Beziehung

3.2 Übertragbare Zugkraft

Die vom Boden übertragbare Zugkraft stellt die Voraussetzung dar, die eine Fortbewegung erst ermöglicht, d.h., sie muss zumindest so groß sein, wie die bei Befahren durch das Fahrzeug aufgebrachte Antriebskraft am Laufwerk. Sie wird insbesondere durch das Fahrzeug selbst sowie dessen Laufwerk (Kette oder Rad) und die sich einstellende Laufwerksgeometrie bestimmt und lässt sich aus der Coulomb`schen Beziehung ermitteln. Es ist nun Aufgabe der Modellbildung, den Druckverlauf unter dem Laufwerk möglichst realitätsnahe zu beschreiben.

Hier muss nun grundsätzlich zwischen Ketten- und Räderlaufwerk unterschieden werden.

3.2.1 Kettenlaufwerk

Die aus der Belastung resultierende Druckverteilung wird in erster Näherung als Gleichlast (einfachstes Modell, ohne Schlupf und Geschwindigkeit) angesehen und damit vorerst die maximal übertragbare Zugkraft ermittelt.

Mit A als Kontaktfläche (Kettenaufstandsfläche) gilt für die maximale Zugkraft:

$$F_{max} = A\tau_{max} \tag{5}$$

und mit der Kettenbreite b und der Kettenaufstandslänge l:

$$F_{max} = bl(c + p\tan\varphi) \tag{6}$$

Aus dieser Beziehung lässt sich nun die maximal übertragbare Zugkraft für eine bestimmte Bodenart (charakterisiert durch c und φ) unter einer bestimmten Belastung p – vorerst unter der Annahme einer Gleichlastverteilung – bestimmen.

Da aber nicht nur die maximale Zugkraft, sondern vielmehr der gesamte Zugkraftbereich von Interesse ist und dieser ein für jeden Boden individuell verschiedenes Verhalten zeigt, ist es notwendig, die Zugkraft in Abhängigkeit des Schlupfes i und des Scherweges j zu beschreiben. Dies führt letztendlich zu sogenannten Zugkraft-Schlupf-Kurven.

Der nächste Schritt zur realitätsnahen Modellierung der Fahrzeug-Boden-Interaktion ist nun die Ermittlung bzw. Approximation eines realitätsnahen Druckverlaufes unter der Kette unter verstärkter Berücksichtigung der Laufwerksgeometrie – insbesondere der Laufrollenanzahl. Die für die bisherigen Überlegungen, nämlich die Bestimmung der Einsinktiefe und des sich daraus ergebenden Einsinkwiderstandes, gewählte und für diese auch ausreichend genaue Gleichlastverteilung stellt für die weitere Betrachtung eine zu ungenaue Beschreibung der Druckverhältnisse dar. Aus Versuchen geht hervor, dass eine ungleichförmige Belastung (siehe Bild 9) den wahren Verhältnissen eher entspricht. So wurde aus bisher veröffentlichten Theorien und verifizierenden Versuchen eine sinusförmige Lastverteilung (b. in Bild 9) als am realitätsbezogensten ermittelt. Die Druckverläufe c, d und e in Bild 9 seien nur der Vollständigkeit halber erwähnt, werden aber auf Grund ihrer geringen Realitätsnähe nur als Grenz-/Extremfälle betrachtet.

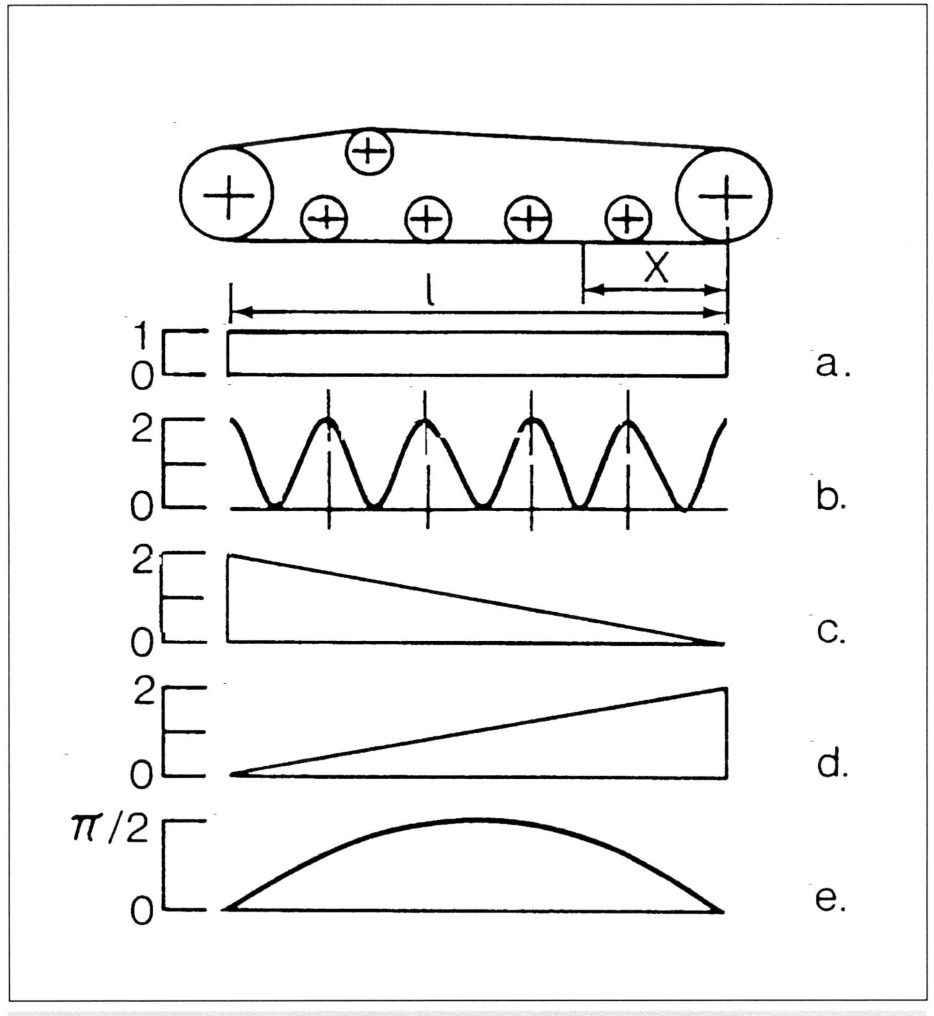

Bild 9: Idealisierte Druckverteilungen unter einem Kettenlaufwerk

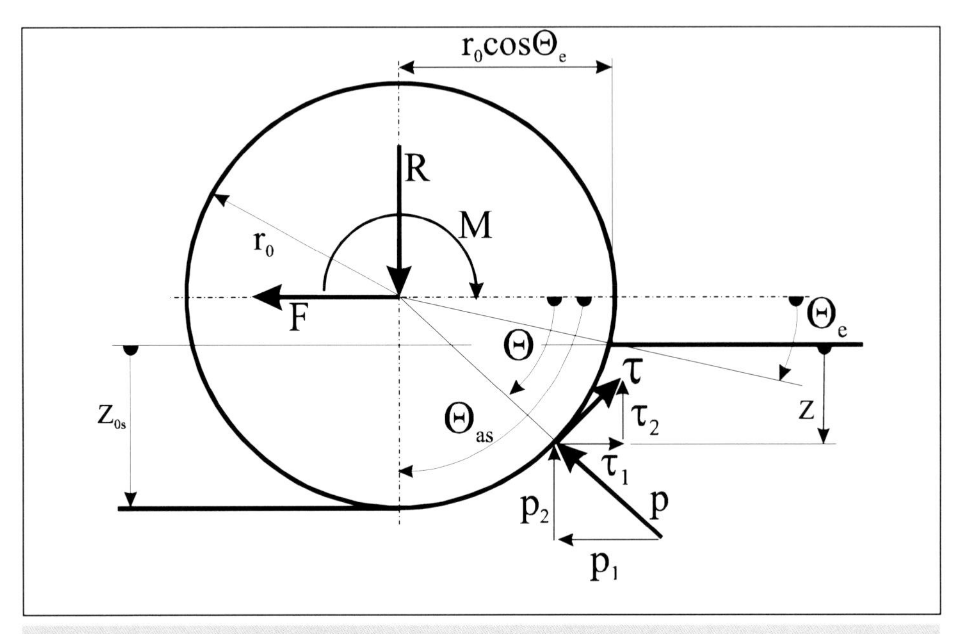

Bild 10: Geometrische Verhältnisse am starren Rad

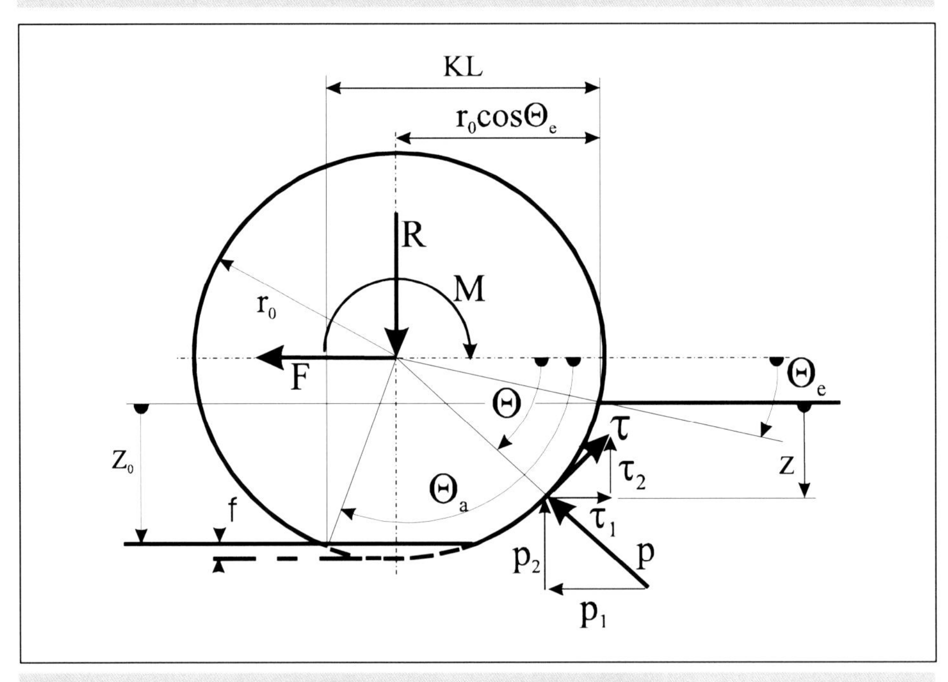

Bild 11: Geometrische Verhältnisse am verformbaren Rad

3.2.2 Räderlaufwerk

Im Gegensatz zum Kettenlaufwerk muss bei Betrachtung eines Räderlaufwerks neben den verschiedenen Reifenaufstandsgeometrien auch der sich einstellende Gleichgewichtszustand hinsichtlich Radlast und die daraus resultierenden Einsinktiefe mittels iterativer Verfahren gefunden werden.

Einen Überblick über die geometrischen Verhältnisse bei angenommenem Radmodell „starres Rad" gibt Bild 10. Das Radmodell „verformbares Rad" – mit Reifendeformation /-einfederung f – ist in Bild 11 dargestellt.

Für das verformbare Rad gilt:

$$r = r_0 - f \qquad (7)$$

mit:

r_0..... unverformter Radius [m]

r...... wirksamer Treibradius [m]

f...... Reifeneinfederung/-deformation [m]

Im Weiteren wird nur das starre Rad behandelt. Für das verformbare Rad gelten die Herleitungen jedoch sinngemäß, es muss nur, je nach gewählter Kontaktgeometrie Boden–Rad, der örtliche Radius r(Θ) als Funktion des Radwinkels Θ bzw. der Kontaktlänge KL verwendet werden (siehe auch Kapitel 4.1.2, Modellbildung/Räderlaufwerk).

Charakteristisch für die Interaktion Boden – Räderlaufwerk ist die Reifenkontaktlänge KL. Sie wird als Funktion des Einlaufwinkels Θ_e sowie des Auslaufwinkels Θ_a beschrieben. Θ_e und Θ_a müssen iterativ als Gleichgewichtszustand in Abhängigkeit von der Radlast ermittelt werden. Dabei wird der folgende Ansatz verwendet:

Die Radlast R muss der Summe aller Vertikalkomponenten (p_2 und τ_2) von p und τ entsprechen.
Es gilt:

$$R = r_0 b\left[\int_{\Theta e}^{\Theta a} p(\Theta)\sin(\Theta)d\Theta + \int_{\Theta e}^{\Theta a} \tau(\Theta)\cos(\Theta)d\Theta\right] \qquad (8)$$

Es ist ersichtlich, dass sich die Radlast R über die sich einstellende Aufstandsfläche am Untergrund abstützt und somit bei einer bestimmten Einsinktiefe z_0 ein Gleichgewichtszustand erreicht wird.

Zur Ermittlung der Zugkraft F geht man analog vor und setzt:

$$F = r_0 b \left[\int_{\Theta e}^{\Theta a} \tau(\Theta)\sin(\Theta)d\Theta - \int_{\Theta e}^{\Theta a} p(\Theta)\cos(\Theta)d\Theta \right] \tag{9}$$

$$M = r_0^2 b \left[\int_{\Theta e}^{\Theta a} \tau(\Theta)d\Theta \right] \tag{10}$$

Ganz allgemein kann gesagt werden, dass durch die Druck-Einsink-Beziehung nach Bekker und die Druck-Scherkraft-Beziehung nach Coulomb der Bodenzustand charakterisiert und beschrieben werden kann.

Die erwähnten Zusammenhänge müssen allerdings für jede Bodenart bzw. dessen Zustand durch Versuche ermittelt werden.

Zur Ermittlung der Scherspannung ist es nun noch notwendig, die Scherverschiebung eines Bodenteilchens knapp unterhalb des Berührungspunktes Rad-Untergrund zu betrachten. Dafür wird der Ansatz von Wong (siehe Bild 12) herangezogen. Im Folgenden gilt, da das starre, unverformbare Rad betrachtet wird $r(x) = r_0$. Im Sinne einer allgemeinen Darstellung – hinsichtlich verformbarer Reifen und dementsprechend anderer Kontaktgeometrie – wird jedoch der wirksame Treibradius r(x) als Funktion von x betrachtet.

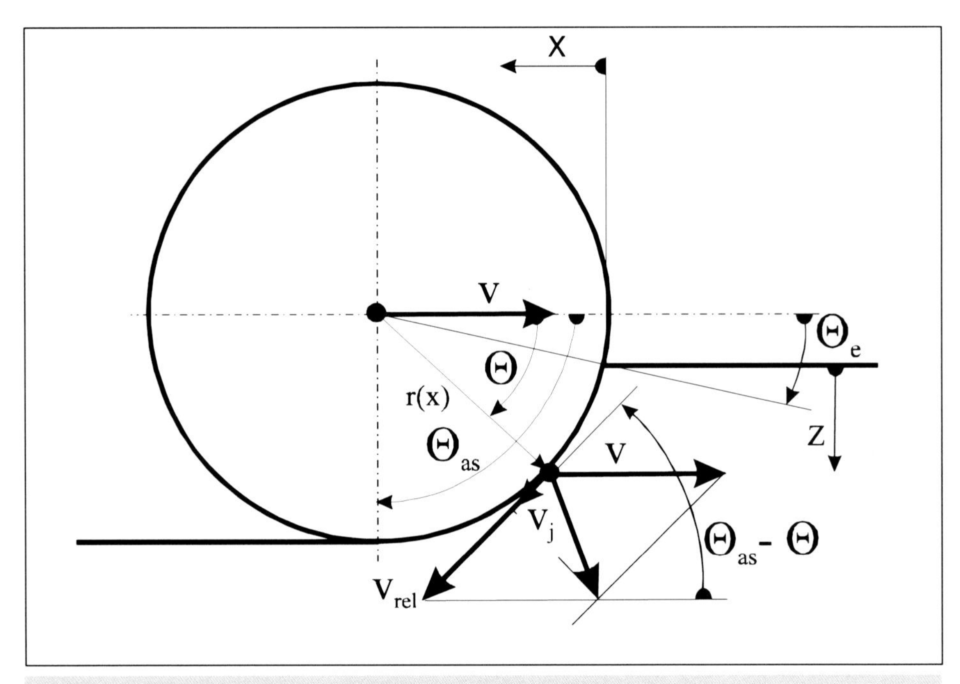

Bild 12: Geschwindigkeitsverhältnisse unter dem starren Rad

Mit dem Ansatz

$$v_{rel} = r(x)\omega(x) \quad (11)$$

und dem Zusammenhang

$$v = v_{rel}(1 - i) \quad (12)$$

ergibt sich für die Schergeschwindigkeit $v_j(x)$ an der Stelle x:

$$v_j(x) = r(x)\omega(x)(1 - (1 - i)\cos(\Theta_{as} - \Theta) \quad (13)$$

und daraus für den Scherweg j(x) an der Stelle x:

$$j(x) = \int_{\Theta_e}^{\Theta} r(x)(1 - (1 - i)\cos(\Theta_{as} - \Theta)d\Theta \quad (14)$$

Mit diesen eben gezeigten fundamentalen Zusammenhängen kann nun die unmittelbare Interaktion Laufwerk-Boden modelliert werden. Zur holistischen Simulation einer Mobilitätsplattform ist nun noch das Fahrzeug-(Plattform-)modell zu ergänzen.

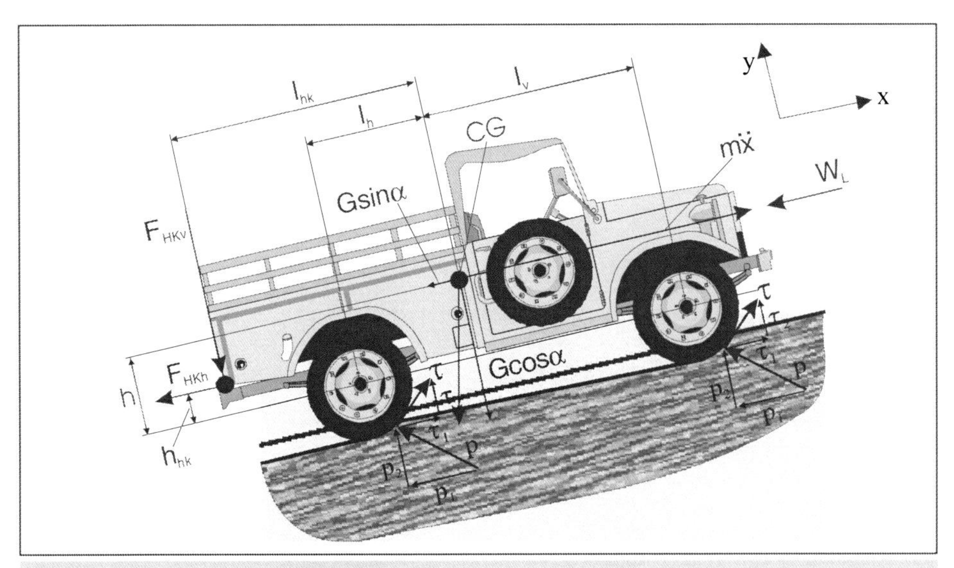

Bild 13: Ebenes Fahrzeugmodell

3.3 Fahrzeugmodell

Unter den Voraussetzungen symmetrischer Kraftübertragung und gleicher Bodenverhältnisse unter beiden Seiten des Laufwerkes wird ein ebenes Fahrzeugmodell gewählt (Auftriebskräfte und Luftkraftmomente vernachlässigt).

Da es sich um ein ebenes Fahrzeugmodell handelt, repräsentieren in den nachstehenden Gleichungen – wie auch in Bild 14 – die jeweiligen Kräfte H_i, V_i und Momente $\overline{M}_i$ die Belastungen und Momente je Achse.
Folgende fundamentale Bewegungsgleichungen ergeben sich für das Chassis für die Fahrt bei konstanter Steigung unter Vernachlässigung der Nickbewegung (Bild 14):

$$m\ddot{x} = H_1 + H_2 - G\sin\alpha - W_L - F_{HKh} \tag{15}$$

$$0 = V_1 + V_2 - G\cos\alpha - F_{HKv} \tag{16}$$

$$0 = V_2 l_h - V_1 l_v - \overline{M}_1 - \overline{M}_2 + F_{HKh}(h - h_{HK}) - F_{HKv} l_{HK} \tag{17}$$

H_i, V_i..... horizontale (H), vertikale (V) Achskraftkomponenten von den Rädern auf das Fahrzeug

$F_{HKh,v}$..... horizontale (h), vertikale (v) Hakenkraft bei Anhängerbetrieb

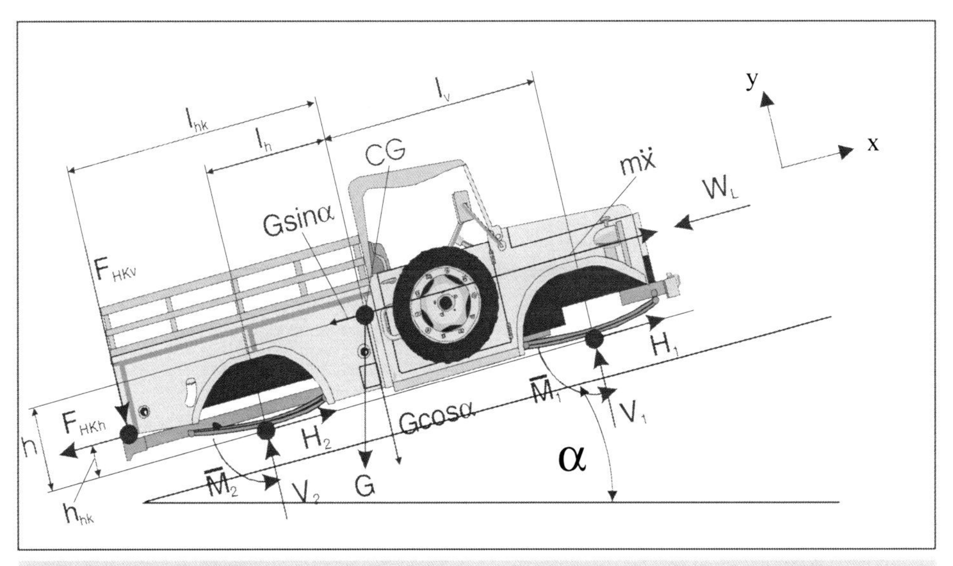

Bild 14: Ebenes Fahrzeugmodell: Chassis

Es wird im Folgenden – zur Bestimmung der (achsweisen) Radlasten – das Einzelrad betrachtet. Die wirkenden Kräfte und Momente werden als jeweilig halbe Achsbelastungen angenommen.

r_0.......unverformter Radius

r........wirksamer Treibradius

Radmodell: starres Rad – keine Reifeneinfederung (r_0= r), Aufstandskräfte im Radmittelpunkt, Luftauftriebs- und -reibungskräfte vernachlässigt.

Analoge Bewegungsgleichungen ergeben sich nun für das Einzelrad (siehe Bild 15 wie auch Bild 10 und 11):

$$m_R \ddot{x} = r_0 b \left[\int_{\Theta e}^{\Theta a} \tau(\Theta)\sin(\Theta)d\Theta - \int_{\Theta e}^{\Theta a} p(\Theta)\cos(\Theta)d\Theta \right] - \frac{H_i}{2} - G_R \sin\alpha \tag{18}$$

$$0 = r_0 b \left[\int_{\Theta e}^{\Theta a} p(\Theta)\sin(\Theta)d\Theta + \int_{\Theta e}^{\Theta a} \tau(\Theta)\cos(\Theta)d\Theta \right] - \frac{V_i}{2} - G_R \cos\alpha \tag{19}$$

$$I_R \dot{\omega}_R = \frac{\overline{M}_i}{2} - r_0^2 b \left[\int_{\Theta e}^{\Theta a} \tau(\Theta)d\Theta \right] \tag{20}$$

Index i in Bild 15 bezieht sich auf die i-te Achse.

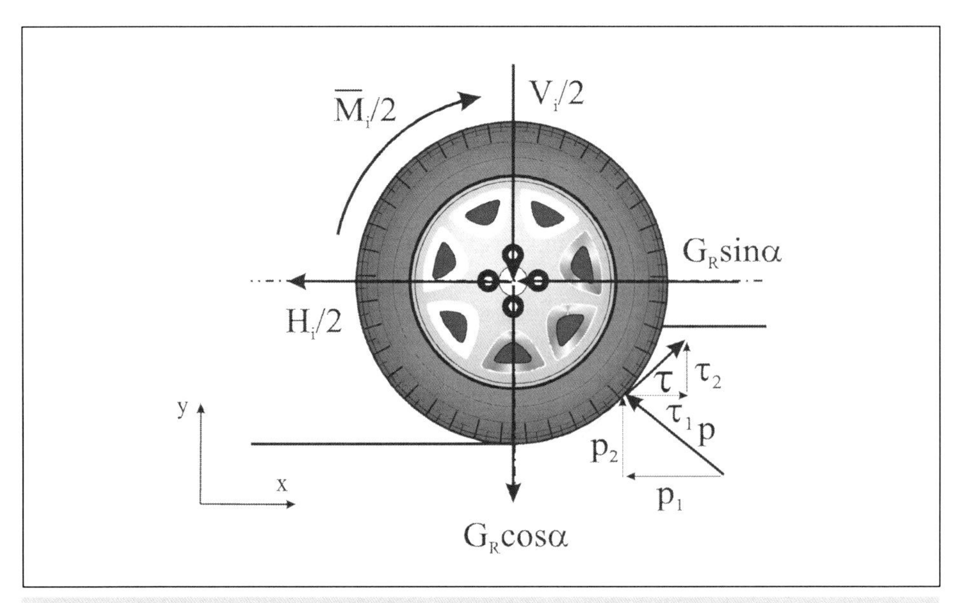

Bild 15: Radmodell: Kräfteverteilung

Für ein Mehrachsfahrzeug geht man analog vor (siehe Bild 19; Steigungswinkel α analog Bild 13 und 14):

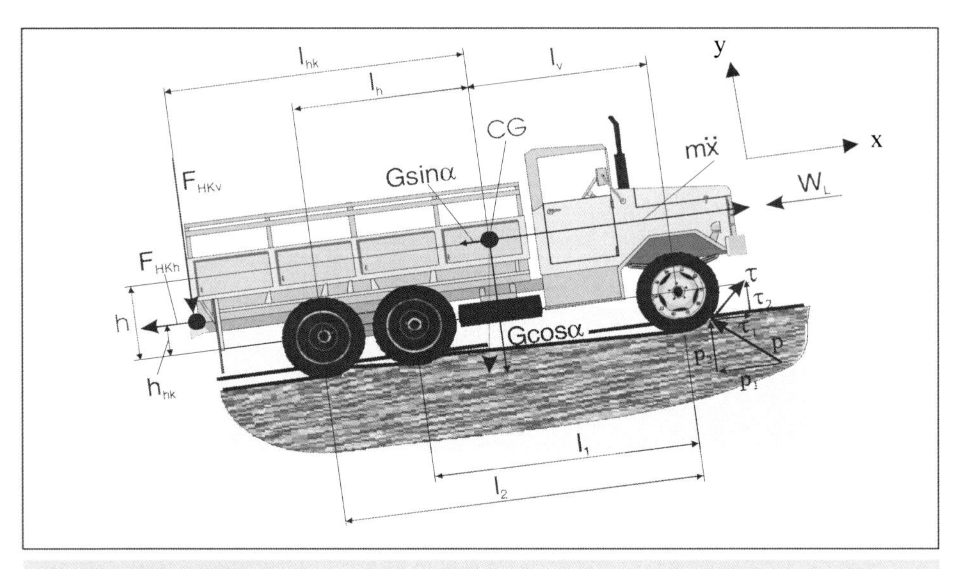

Bild 16: Mehrachsfahrzeug

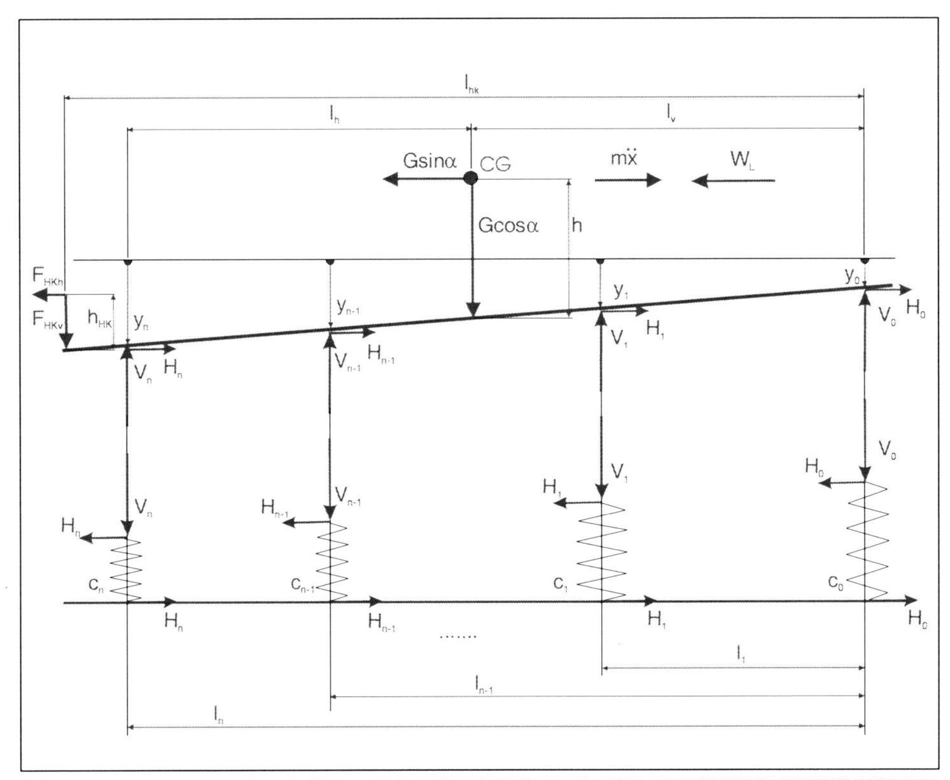

Bild 17: Ersatzmodell: Aufstandskraftermittlung Mehrachsfahrzeug

Die Ermittlung der quasi-statischen Aufstandskräfte (Nickbeschleunigung vernachlässigt) für ein Mehrachsfahrzeug (Achszahl $n > 2$) erfolgt nach folgendem Modell (kleine Winkel der Chassis-Neigung) und dem sich aus Bild 17 ergebenden Gleichungssystem. Auf dieses soll hier nicht näher eingegangen werden, es sei nur erwähnt, dass es sich auf Grund der Radlast und der Einfederung an der i-ten Achse sowie über die geometrische Beziehung des Laufwerks aufstellen lässt.

3.4 Luftwiderstand

Der Luftwiderstand W_L ist proportional dem Staudruck $\frac{\rho}{2} v_{res}^2$. Die Proportionalitätsfaktoren sind die Querspantfläche A und der Luftwiderstandsbeiwert c_x, wobei dieser von der Anströmrichtung (also dem Winkel τ zwischen Fahrzeuglängsachse und der resultierenden Anströmgeschwindigkeit $\vec{v}_{res}$ (Schwimmwinkel des Fahrzeuges vernachlässigt) abhängt (Sonderfall: $c_w = c_x$ ($\tau = 0$)). Dieser geometrische Zusammenhang ist in Bild 18 dargestellt.

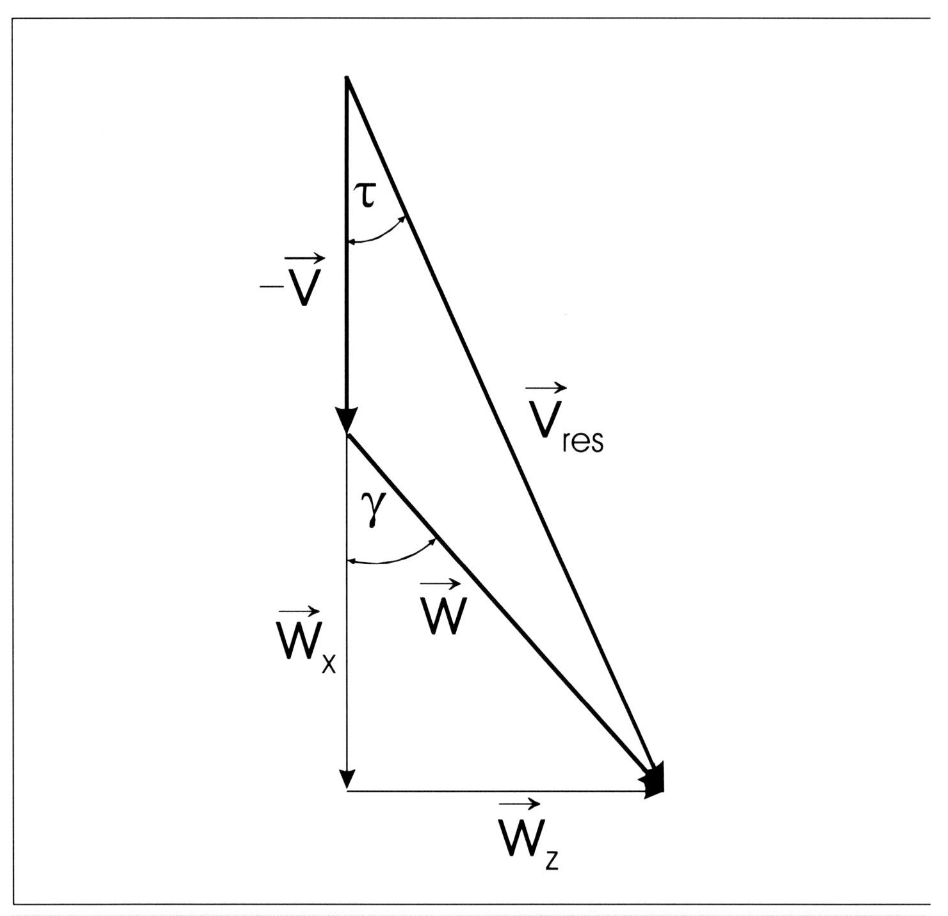

Bild 18: Anströmgeschwindigkeit $\vec{v}_{res}$: Geometrische Addition von Fahr- und Windgeschwindigkeit

3.5 Fahrwiderstände

Der äußere Fahrwiderstand W_F – hervorgerufen durch die Beschaffenheit des befahrenen Geländes – wirkt der Bewegung des Fahrzeuges entgegen und setzt sich – je nach befahrenem Untergrund – aus verschiedenen Anteilen zusammen. Bei unbefestigtem Untergrund besteht er aus drei Teilen – dem Einsinkwiderstand R_c (compaction resistance), dem sog. Bulldozing-Widerstand R_b sowie dem „einfachen" Rollwiderstand, wie er auch bei Befahren befestigten Untergrundes auftritt. Wird auf befestigtem Untergrund gefahren, wird lediglich letztgenannter Anteil berücksichtigt.

Es muss jedoch bei jedem dieser Anteile wiederum zwischen Ketten- und Räderlaufwerk unterschieden werden, da sich die Charakteristik und Aufstandsgeometrie sehr stark differenzieren.

3.5.1 Einsinkwiderstand

3.5.1.1 Kettenlaufwerk

Der Einsinkwiderstand des Kettenlaufwerkes ergibt sich gemäß der Druck-Einsink-Beziehung nach Bekker:

$$p = (\frac{k_c}{b} + k_\Phi) z^n \tag{21}$$

Im Falle gleichmäßiger Lastverteilung – die für diese Betrachtung ausreichend ist – errechnet sich die Einsinktiefe z_0:

$$z_0 = \left(\frac{\frac{G}{bl}}{\frac{k_c}{b} + k_\Phi}\right)^{\frac{1}{n}} \tag{22}$$

z_0 stellt das Einsinken unter der Voraussetzung dar, dass das Fahrzeug erst einsinkt, bevor es zu fahren beginnt.

Die Arbeit, die geleistet werden muss, um generell eine Spur der Breite b und der Länge l mit der Einsinktiefe z zu bilden, errechnet sich nun zu:

$$\text{Arbeit} = bl \int_0^{z_0} p\, dz = bl \int_0^{z_0} (\frac{k_c}{b} + k_\Phi) z^n dz \tag{23}$$

Diese geleistete Arbeit wird im Falle eines Kettenlaufwerkes dem Einsinkwiderstand R_c entlang der Kettenaufstandslänge l gleichgesetzt und man erhält nach Integration:

$$\text{Arbeit} = R_c l = bl\left(\frac{k_c}{b} + k_\Phi\right)\left(\frac{z_0^{n+1}}{n+1}\right) \tag{24}$$

Daraus ergibt sich nach Einsetzen von z_0:

$$R_c = \frac{b}{(n+1)\left(\frac{k_c}{b} + k_\Phi\right)^{\frac{1}{n}}}\left(\frac{G}{bl}\right)^{\frac{(n+1)}{n}}$$

Man sieht, dass der Fahrwiderstand R_c von den Fahrzeugparametern (G, b und l) und den Bodenparametern (k_c, k_Φ und n, siehe Kapitel 3.1.2.) abhängig ist.

3.5.1.2 Räderlaufwerk

Neben vielen Ansätzen mit eingeschränkter Gültigkeit wird der Einsinkwiderstand bei einem Räderlaufwerk durch Ermittlung der der Bewegung entgegenwirkenden Kräfte (siehe 3.2 – Räderlaufwerk – und Bild 19) bestimmt.

Damit wird aus dem Ansatz für die Zugkraft F für den Bereich I:

$$F_I = r_0 b\left[\int_{\Theta e}^{\Theta u} \tau(\Theta)\sin(\Theta)d\Theta - \int_{\Theta e}^{\Theta u} p(\Theta)\cos(\Theta)d\Theta\right] \tag{25}$$

und der Überlegung, dass sich die Nettozugkraft ZK als Differenz zwischen Bruttozugkraft und Widerständen definieren lässt:

$$F_I = ZK_I - R_{cI} \tag{26}$$

mit:

$$ZK_I = r_0 b \int_{\Theta e}^{\Theta u} \tau(\Theta)\sin(\Theta)d\Theta \tag{27}$$

und:

$$R_{cI} = r_0 b \int_{\Theta e}^{\Theta u} p(\Theta)\cos(\Theta)d\Theta \tag{28},$$

wobei R_{cI} den zur Verdichtung des Bodens aufgebrachten Anteil darstellt.

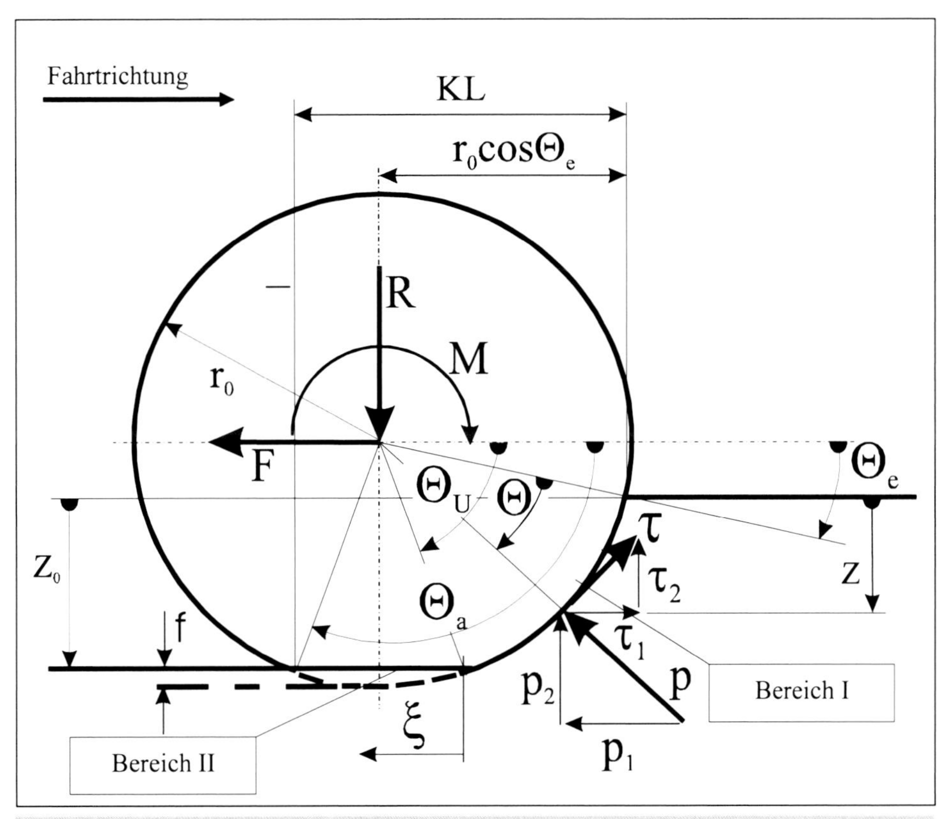

Bild 19: Kräftegleichgewicht am getriebenen Rad

Dieser Ansatz gilt jedoch nur im Bereich I des unverformten Reifens. Im Bereich II der Reifenabplattung f gilt $\Theta = 90°$. Somit gilt:

$$F_{II} = ZK_{II} \tag{29}$$

mit:

$$ZK_{II} = b\int_{\xi u}^{\xi a} \tau(\Theta(\xi))d\xi \tag{30}$$

wegen $\Theta = 90°$ gilt $R_{cII} = 0$.

Man sieht wiederum, dass der Anteil R_{cI} des Fahrwiderstandes von den Fahrzeugparametern (Achslast, Reifengeometrie) und den Bodenparametern (k_c, k_Φ und n) abhängig ist.

3.5.2 Bulldozing-Widerstand

Überlegungen zum sog. Bulldozing-Widerstand basieren auf Theorien der Bodenmechanik, deren Herleitung den Rahmen dieser Arbeit sprengen würde, aber ausführlich in der Literatur beschrieben ist. Es sei in diesem Zusammenhang lediglich das Vorhandensein dieser Art des Bewegungswiderstandes – in Form der Theorie einer Bugwelle vor dem Laufwerk bei Befahren von unbefestigtem Boden – erwähnt.

3.5.3 Rollwiderstand

Der Rollwiderstand W_R entsteht durch den unvollkommenen Abrollvorgang des Laufwerkes. Der Rollwiderstandsbeiwert f_R ist von diversen Laufwerks- und Untergrundparametern abhängig und wird unter Verwendung der Radlast F_R zur Ermittlung des Rollwiderstandes wie folgt herangezogen:

$$W_R = f_R F_R \qquad (31)$$

Wie bereits erwähnt, ist f_R von verschiedensten Laufwerks- und Untergrundparametern abhängig, so dass bei der Ermittlung bzw. Festlegung zwischen Ketten- und Räderlaufwerk unterschieden werden muss. Als Ermittlungsmethode werden sehr oft Ausrollversuche herangezogen. Dabei ist jedoch zu beachten, dass bei höheren Geschwindigkeiten der Luftwiderstand mitgemessen wird und bei der Ermittlung von f_R dementsprechend subtraktiv berücksichtigt werden muss.

3.5.3.1 Kettenlaufwerk

Je nach Untergrund und Fahrzeuggewicht liegt der Rollwiderstandsbeiwert bei Kettenlaufwerken zwischen 0,03 (Fahrzeuggewicht ~15 t, Beton) und ~0,052 (Fahrzeuggewicht ~50 t, Beton) (siehe Tabelle 1).

Unbefestigter Untergrund wird im vorliegenden Fall durch f_R naturgemäß nicht berücksichtigt bzw. abgedeckt, da der dabei entstehende Rollwiderstand mittels der Theorien der Bodenmechanik bereits als eigener Anteil am Fahrwiderstand in Kapitel 3.5.1.1 hergeleitet wurde.

Werte aus Fahrzeugversuchen		
Fahrzeug	f_R	Bemerkung
SPz HS 30	0,030	Beton
Leopard 1, 39 t	0,034	Asphalt, 20 km/h
Leopard 1, 39 t	0,036	Asphalt, 30 km/h
Leopard 1, 39 t	0,0385	Asphalt, 40 km/h
Leopard 1, 39 t	0,0450	Asphalt, 60 km/h
Chieftain	0,0460	Beton, 20 km/h
M 48 A2	0,0397	Beton, 20 km/h
T 62	0,0245	Beton, 20 km/h
Leopard 2, Prototyp 50 t	0,0450	Beton, 20 km/h, Zugversuch
Leopard 2, Prototyp 50 t	0,050	Beton, 40 km/h, Zugversuch
Leopard 2, Prototyp 50 t	0,052	Beton, 60 km/h, Zugversuch
Leopard 2, Prototyp 49,4 t	0,032	Beton, 20 km/h
Leopard 2, Prototyp 49,4 t	0,037	Beton, 40 km/h
Leopard 2, Prototyp 49,4 t	0,038	Beton, 60 km/h

Tabelle 1: Rollwiderstandsbeiwerte für Kettenfahrzeuge

3.5.3.2 Räderlaufwerk

Im Gegensatz zu Kettenlaufwerken kann bei Räderlaufwerken der Rollwiderstandsbeiwert nahezu als konstant angenommen werden – er liegt bei ~0,015. Lediglich bei höheren Geschwindigkeiten – ab ca. 100 km/h – nimmt er etwas zu.

3.6 Gesamtwiderstand

Der Gesamtwiderstand kann über die Summe aller auf den Antrieb wirkenden Momente interpretiert werden und umfasst dann zusätzlich zu den unter 3.5 ermittelten Widerständen zusätzlich jene Anteile, die notwendig sind, die rotatorischen Massen (Schalt- bzw. Planetengetriebe, Umlenkgetriebe, Antriebsstrang, ...) zu beschleunigen.

Ein vereinfachtes Schema des Antriebes stellt Bild 20 dar.

$$\omega_i = \frac{n_i \pi}{30} \tag{32}$$

$$i = \frac{n_{\text{Welle i}}}{n_{\text{Bezugswelle}}} = \frac{\omega_{\text{Welle i}}}{\omega_{\text{Bezugswelle}}} \tag{33}$$

In weiterer Folge gilt:

Massenträgheitsmomente (MTM):

I_M.... MTM des Motors inklusive motorseitigem Kupplungs- und Wandleranteil bezogen auf Motorausgangswelle (ω_M)

I_T.... MTM des Turbinenrades, abtriebsseitige Kupplungsmasse, auf die Abtriebsseite (ω_k) bezogenes Getriebe-MTM

I_U.... MTM des Umlenkgetriebes, bezogen auf den Getriebeausgang (ω_{Gab})

I_A.... MTM aller rotierenden Teile zwischen Untersetzung und Lenkgetriebeausgang bezogen auf den Umlenkgetriebeausgang (ω_{Uab})

I_{RA}.. MTM der außenliegenden rotatorischen Massen (speziell bei Kettenfahrzeugen die Lauf- und Stützrollen exkl. Antriebsräder) ab Lenkgetriebeausgang bezogen auf den Lenkgetriebeausgang (ω_R)

Übersetzungen:

i_W.... Wandlerübersetzung (drehzahlabhängig)
i_G.... Getriebeübersetzung
i_U.... Umlenkgetriebeübersetzung
i_L.... Lenkgetriebeübersetzung
i_R.... Reduktionsgetriebeübersetzung
mit $i_D = i_R\, i_L$ in Bild 20

Wirkungsgrade:

η_W....Wandlerwirkungsgrad (drehzahlabhängig)
η_G....Getriebewirkungsgrad im jeweils im Eingriff befindlichen Gang
η_U....Umlenkgetriebewirkungsgrad
η_L....Lenkgetriebewirkungsgrad
η_R....Reduktionsgetriebewirkungsgrad
mit $\eta_D = \eta_R \, \eta_L$ in Bild 20

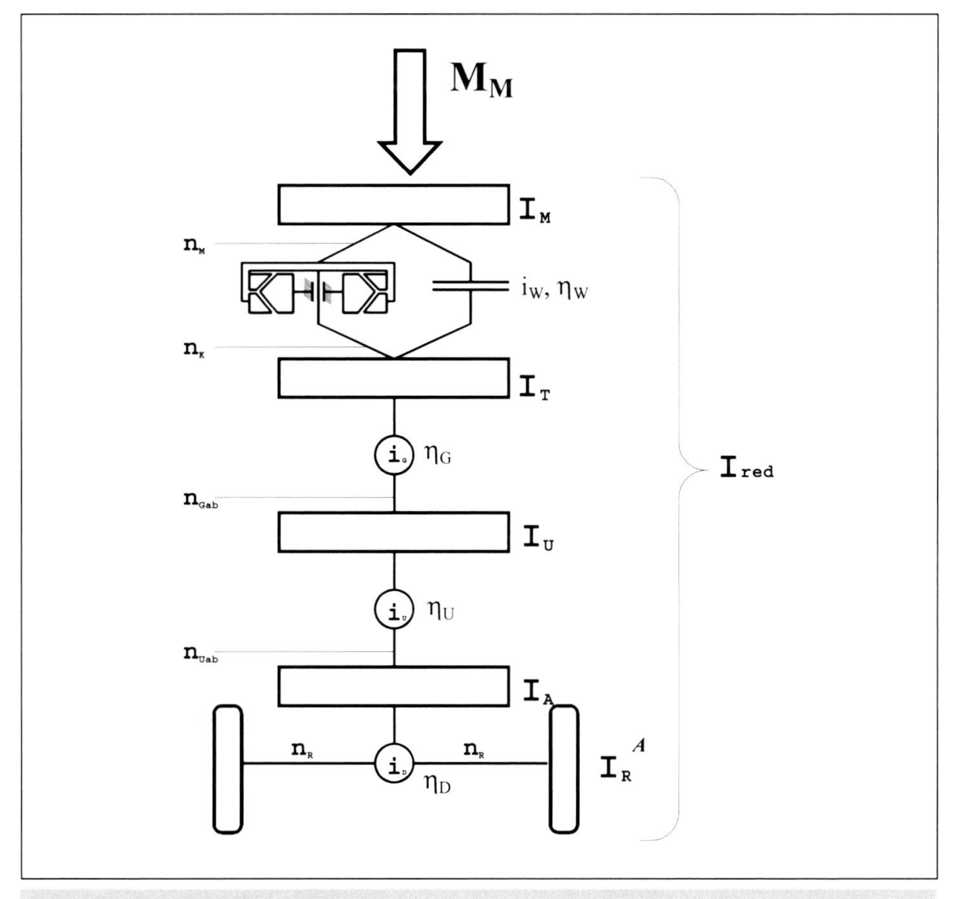

Bild 20: Antriebsstrang: Schema

Um nun das Ersatz-MTM I_{red} zu erhalten, müssen alle oben erwähnten MTM auf eine bestimmte Bezugswelle und deren Winkelgeschwindigkeit transformiert werden. Hierfür ist die kinetische Energie maßgebend:

$$E = \frac{1}{2} I_{RA} \omega_R^2 + \frac{1}{2} I_A \omega_{Uab}^2 + \frac{1}{2} I_U \omega_{Gab}^2 + \frac{1}{2} I_T \omega_K^2 + \frac{1}{2} I_T \omega_M^2 = \frac{1}{2} I_{red} \omega_{red}^2 \qquad (34)$$

Als Bezugswinkelgeschwindigkeit wird die Antriebsraddrehzahl ω_R gewählt und es gilt somit: $\omega_{red} = \omega_R$.

Nun werden unter Berücksichtigung der Übersetzungen alle Winkelgeschwindigkeiten ω_i auf die Bezugswinkelgeschwindigkeit umgerechnet.

Somit ergibt sich:

$$\begin{aligned} I_{red} &= I_M \left(\frac{\omega_M}{\omega_R}\right)^2 + I_T \left(\frac{\omega_K}{\omega_R}\right)^2 + I_U \left(\frac{\omega_{Gab}}{\omega_R}\right)^2 + I_A \left(\frac{\omega_{Uab}}{\omega_R}\right)^2 + I_{RA} = \\ &= I_M (i_W i_G i_U i_L i_R)^2 + I_T (i_G i_U i_L i_R)^2 + I_U (i_U i_L i_R)^2 + I_A (i_L i_R)^2 + I_{RA} \end{aligned} \qquad (35)$$

I_{red} ist somit das auf die Antriebsraddrehzahl bezogene MTM aller „innenliegenden" rotatorischen Massen.

Die Reduktion erfolgt von der Motorseite nach „außen", es gilt somit: $i > 1$
allgemein:

$$i = \frac{n_{treibend}}{n_{getrieben}} > 1 \qquad (36)$$

Nun müssen noch alle „außenliegenden" Massen (nicht angetriebene Laufrollen, Stützrollen, Kette, ...) erfasst werden.

Für die rotatorischen Anteile gilt:

$$I_{reda} = 2 \sum_{i=1}^{n} k_i I_i \left(\frac{\omega_i}{\omega_R}\right)^2 \qquad (37)$$

mit:

k_i.....Anzahl der gleichartigen Rollen der Art i pro Seite

I_i......MTM der Rolle der Art i

I_{reda}...reduziertes MTM aller „außenliegenden" rotierenden Teile

n.....Anzahl der verschiedenen Rollenarten

Werden nun alle derart erfassten Massen auf den translatorischen Bewegungszustand bezogen, so ergibt sich (wieder über die kinetische Energie) folgende reduzierte Masse m_{red}:

$$m_{red} = \frac{I_{red}}{r^2} + \frac{I_{reda}}{r^2} + \text{Kette} \tag{38}$$

mit:

r ... Radius des Antriebsrades [m]

Somit ergibt sich als notwendiges Antriebsmoment zur Erzielung einer bestimmten Beschleunigung $\ddot{x}$:

$$M = r\,\eta_{ges}\left[\left(m_G + \frac{I_{red}}{r^2} + \frac{I_{reda}}{r^2} + \text{Kette}\right)\ddot{x} + G\sin\alpha + W_L + W_F\right] \tag{39}$$

mit – siehe auch Bild 20:

$$\eta_{ges} = \prod_i \eta_i$$

η_i ....Wirkungsgrad der i-ten Übersetzungsstufe im Antriebsstrang [-]

η_{ges} .....Gesamtwirkungsgrad des Antriebsstranges [-]

Dieses Moment M muss je nach Antriebsart an der Achse der Antriebsräder des Kettenfahrzeuges als M_a bzw. in einem bestimmten Verhältnis aufgeteilt an den angetriebenen Achsen i eines Radfahrzeuges als M_{ai} (mit $M = \Sigma M_{ai}$) zur Verfügung stehen.

Beispielhaft seien angeführt:

Kettenfahrzeug:	$M = M_a$	
Radfahrzeug: zweiachsig:	$M = M_{av} = M_{a1}$	Vorderradantrieb
	$M = M_{ah} = M_{a2}$	Hinterradantrieb
	$M = M_{av(1)} + M_{ah(2)}$	Allradantrieb
dreiachsig:	$M = M_{a1} + M_{a2} + M_{a3}$	Allradantrieb

Das Verhältnis $M_{a1} : M_{a2} : M_{a3} : M_{ai}$ kann grundsätzlich beliebig gewählt werden, es muss nur die Bedingung $M = \Sigma M_{ai}$ erfüllt sein.

An dieser Stelle sei erwähnt, dass die Reduktion der rotatorischen Massen nicht zwingend auf einen translatorischen Bewegungszustand erfolgen muss, sondern auch auf eine rotatorische Referenzbewegung erfolgen kann.

Bei einer Reduktion von „außen“ (Antriebsrad) zur Motorseite gilt: u < 1.

$$\text{allgemein: } u = \frac{n_{treibend}}{n_{getrieben}} < 1 \tag{40}$$

Damit können die Momente an verschiedenen Stellen im Antriebsstrang – falls gewünscht – sehr einfach ermittelt werden.

Ausgehend vom Antriebsmoment ergeben sich folgende, den jeweiligen Übersetzungen und Wirkungsgraden zugeordnete Momente (Wirkungsgrade und Indizes analog Bild 20):

Der Vollständigkeit halber sei angeführt, dass im konkreten Fall natürlich nur jene Übersetzungen, Trägheitsmomente und Wirkungsgrade Berücksichtigung finden, die im jeweiligen Simulationsfall auch tatsächlich realisiert wurden oder aber realisiert werden soll(t)en. Das vorliegende Schema beinhaltet bewusst eine sehr umfangreiche Anzahl möglicher Komponenten, die natürlich nicht notwendigerweise alle in jedem Antriebsstrang verwendet werden (müssen).

3.7 Motormoment – Drehmomentverlauf

Einen entscheidenden Einfluss auf die Fahrleistungen eines Kraftfahrzeuges hat – neben der richtigen Auslegung der Getriebeabstufung und der Achsübersetzungen – das vom Motor abgegebene Drehmoment M als Funktion der Drehzahl n; allgemein: M = M(n).

Die gebräuchlichste Art der Darstellung der Motorcharakteristik erfolgt in Form von Drehzahl-Drehmoment-/Leistungsdiagrammen.

Es muss allerdings zwischen

- Volllastkurven (Ermittlung des abgegebenen Drehmomentes bzw. der Leistung unter Volllast-Bedingungen) und
- Teillastkurven

unterschieden werden.

Da Drehzahl-Drehmoment-Kurven meist in Form von Volllastkurven vorliegen, wird die Modellierung vorerst anhand dieser beschrieben und anschließend der Übergang zu Teillastbereichen erläutert.

3.7.1 Volllastkurve

Im Rahmen einer Mobilitätsanalyse ist es von großer Bedeutung, den tatsächlichen Drehmomentverlauf (unabhängig ob Voll- oder Teillast) möglichst realitätsnahe zu modellieren. Zur mathematischen Beschreibung dieser Diagramme werden im Weiteren folgende 3 Ansätze herangezogen:

- Spline-Approximation
- Polynom-Interpolation
- punktweise Beschreibung mit linearer Approximation zwischen definierten Stützstellen

Oftmals sind neben einer vorliegenden Auswertung in Diagrammform noch spezielle Eckdaten der Motorcharakteristik bekannt. Diese sind i. Allg.:

- maximales Drehmoment/zugehörige Drehzahl
- maximale Leistung/zugehörige Drehzahl
- Leerlaufdrehzahl/maximales Moment bei Leerlaufdrehzahl
- Höchstdrehzahl/maximales Moment bei Höchstdrehzahl

Bild 21 zeigt beispielhaft eine Motorcharakteristik in Form der Drehmoment- und Leistungskurve als Polynom-Approximation.

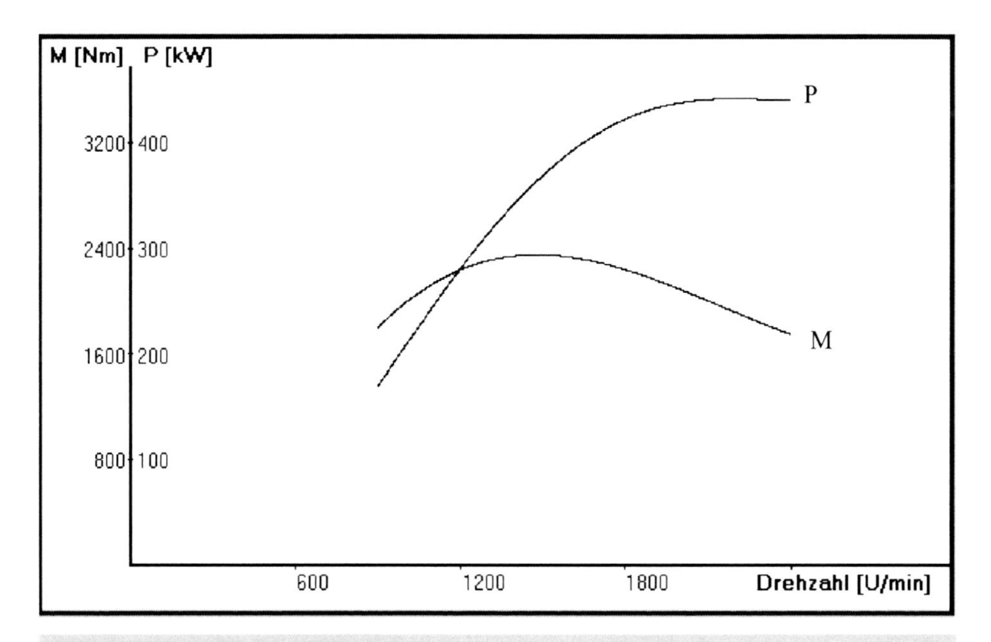

Bild 21: Polynom-Approximation

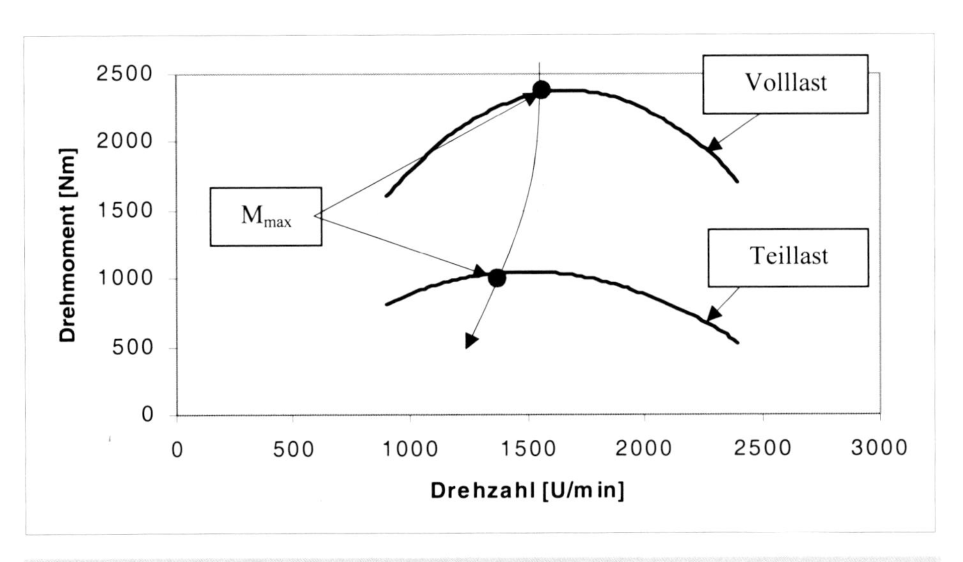

Bild 22: Drehmomentverlauf: Teillastbereich Dieselmotor

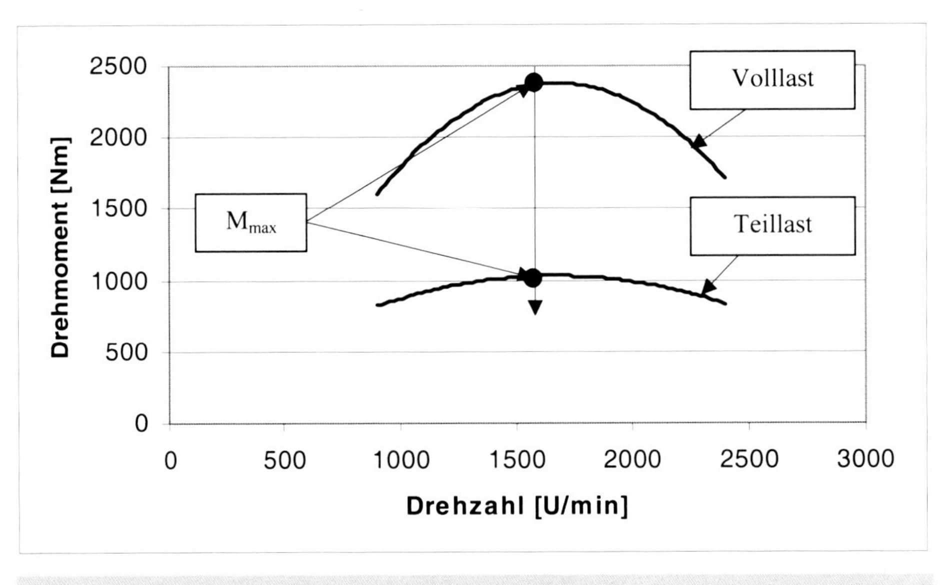

Bild 23: Drehmomentverlauf: Teillastbereich Ottomotor

3.7.2 Teillastkurve

Ausgehend von den Volllastkurven wird nun über in der Praxis ermittelte und in (empirische) mathematische Beziehungen gebrachte Zusammenhänge auf Teillastbereiche umgerechnet.

Generell ist im Teillastbereich zwischen der Drehmomentcharakteristik eines Diesel- und eines Ottomotors zu unterscheiden. Hauptunterscheidungsmerkmal ist dabei der Drehmomentverlauf bei höheren Drehzahlen.

Dieser erreicht beim Dieselmotor sein Maximum früher – bezogen auf den Volllastbereich – und fällt danach relativ stark ab (siehe Bild 22).

Der Drehmomentverlauf des Ottomotors kann dagegen nahezu (skaliert) parallel in Richtung vermindertes Drehmoment verschoben werden (siehe Bild 23).

Anmerkung:
Bei Betrachtung des Teillastbereiches wird bewusst auf die Miteinbeziehung des Schleppmomentes verzichtet, da dieser Betriebszustand des Motors nicht in die Auswertungen miteinbezogen wird.

Es ist nun möglich, den Drehmomentverlauf über das zur Verfügung stehende Drehzahlband, „mathematisch abzutasten" und jeder Drehzahl ein entsprechendes Drehmoment zuzuordnen. Dadurch kann bei gegebener Volllast-Motorkennlinie für einen beliebigen Motorbetriebspunkt – charakterisiert durch die Drehzahl n, den Lastbereich und das zugehörige Drehmoment M – das Beschleunigungsvermögen $\ddot{X}$ berechnet werden.

Ein wichtiger Aspekt zur Beurteilung des Vortriebverhaltens sind die Schaltschwellen (Gangwechsel-Drehzahlen) des Getriebes. Schaltschwellen sind jene Drehzahlen, bei denen ein Gangwechsel (hinauf oder zurück) erfolgt. Sie sind entweder automatisiert (Automatikgetriebe) oder werden vom Fahrer gewählt (Handschaltgetriebe).

Bild 24 zeigt den Antriebskraftverlauf eines Fahrzeuges in den einzelnen Gängen über der Geschwindigkeit.

Hochschalten:

Wird nun beispielsweise im ersten Gang die obere Schaltdrehzahl (hier: Höchstdrehzahl) erreicht, so wird in den nächst höheren Gang geschalten (Punkt 1 in Bild 24) und in diesem mit der entsprechenden Antriebskraft der Vortrieb fortgesetzt (Punkt 2 in Bild 24).

Zurückschalten:

Wird nun andererseits im zweiten Gang die untere Schaltdrehzahl erreicht, so wird in den nächst niedrigeren Gang geschalten (Punkt 3 in Bild 24) und in diesem mit der entsprechenden Antriebskraft der Vortrieb fortgesetzt (Punkt 4 in Bild 24).

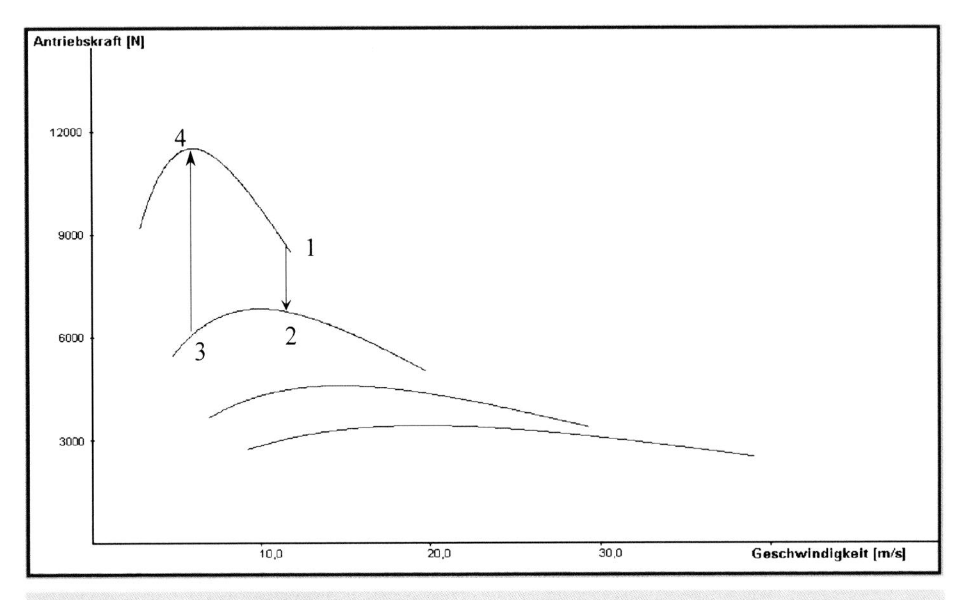

Bild 24: Fahrschaubild: Schaltzeiten

Man sieht sehr deutlich, wie eine Änderung der Schaltzeiten den weiteren Verlauf des Vortriebes beeinflussen kann. Liegt der „Anschlusspunkt" (Punkt 2 bzw. 4 in Bild 24) im Bereich des maximalen Drehmoments, kann sofort wieder die optimale Vortriebskraft genützt werden. Ist die Schaltdrehzahl jedoch so gewählt, dass sich im aktuellen Gang die Drehzahl unterhalb der Drehzahl bei maximalem Moment (n_{Mmax}) einstellt, kann es in manchen Fällen dazu kommen, dass keine weitere Beschleunigung möglich ist, sondern sogar eine weitere Geschwindigkeitsreduktion eintritt. Eine nähere Beschreibung dieses Verhaltens wird im Rahmen der Auswertungen in 5.3. gegeben.

4 Modellbildung

4.1 Laufwerk-Boden-Interaktion

Über die bisher erwähnten grundlegenden Ansätze zur Beschreibung der Laufwerk-Boden-Interaktion hinaus werden im Rahmen der Analysen – in Kapitel 5 – folgende weiterführende Modellansätze verwendet:

Kettenlaufwerk:

- Beschreibung des Druckverlaufs unter dem Laufwerk mittels des sog. Exponentialansatzes.

Räderlaufwerk:

Beschreibung der Kontaktgeometrie zwischen (verformbarem) Reifen und Untergrund mittels folgender Kontaktlinien-Geometrien:

- starres, unverformtes Rad (als Basis),
- parabolischer Verlauf der Kontaktlinie,
- teilweise abgeflachter Verlauf der Kontaktlinie und
- schräger Verlauf der Kontaktlinie.

Nachstehend werden diese eben erwähnten Modelle detailliert beschrieben und es wird auf die dabei auftretenden Einschränkungen bzw. Randbedingungen eingegangen.

4.1.1 Kettenlaufwerk

In Ergänzung zu den unter 3.2, Bild 9, gezeigten, sehr idealisierten und wenig flexiblen Druckverteilungen unter einem Kettenlaufwerk wird folgender universeller Ansatz – der sogenannte Exponentialansatz – vorgeschlagen und in die Analyse mit aufgenommen:

$$p(x) = Ae^{-(Bx)^2} \tag{41}$$

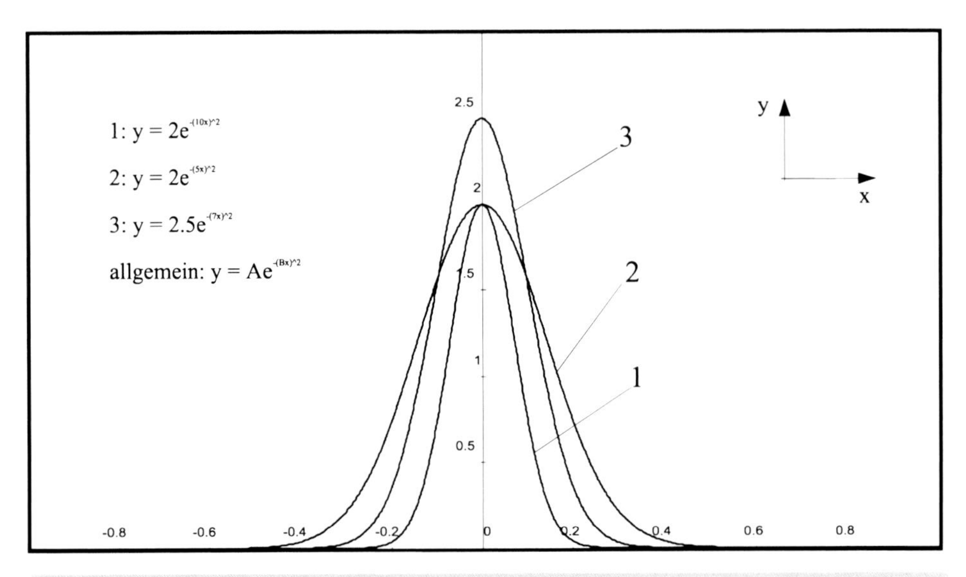

Bild 25: Exponentialansatz: allgemeine Form y = f(x)

Darin bedeuten:

A ...... Maximales Druckverhältnis [-]

$$A = \frac{p_{max}}{p_m} = \frac{p_{max}}{\frac{G}{bl}} \tag{42}$$

G....... Fahrzeuggewicht [kg]
b....... Kettenbreite [m]
l........ Kettenaufstandslänge [m]
B....... Steigung/Lage der Wendetangente [-]
x....... Laufvariable unter der Kette bzw. der Laufrolle [m]

Diese Beziehung ist in Bild 25 – in der allgemeinen Form p = y = f(x) – für verschiedene Werte für A und B ausgewertet. Man sieht sehr deutlich, welchen Einfluss die Variation dieser beiden Parameter auf den Verlauf der Kurve hat.

Basierend auf der Überlegung, dass für jede Laufrolle der Druckverlauf mittels dieser Funktion beschrieben werden kann, erhält man nach Aufsummieren über alle Laufrollen den Druckverlauf unter dem gesamten Laufwerk.

Zu beachten ist jedoch, dass die Funktion $y = Ae^{-Bx^2}$ nur numerisch integriert werden kann. Dies ist deshalb wichtig, da der Gesamtdruck unter der Kette dem Nominaldruck des Fahrzeuges entsprechen muss (iterative Ermittlung). Dies erfolgt mittels Abgleich/Anpassung der Parameter A, B für alle n Laufrollen über die Kettenaufstandslänge l.

Mathematisch formuliert: Die Fläche unter dem Exponentialdruckverlauf des gesamten Laufwerks muss z. B. für eine horizontale Fahrbahn $\frac{G}{bl}$ entsprechen, wobei zu beachten ist, dass der druckabhängige Anteil über die Kettenaufstandslänge l für jede Laufrolle im Bereich $-r_1$ bis $+r_2$ einzeln betrachtet werden muss und das Integral über die Kettenaufstandslänge $\int_0^l dx$ übergeführt wird in $\sum_n b \int_{-r_1}^{+r_2} dx$, wobei n die Anzahl der Laufrollen darstellt.

Dabei wird mit $-r$ und $+r$ der sinnvolle Bereich um eine Laufrolle festgelegt, der im Rahmen der Laufwerksgeometrie zur Druckübertragung herangezogen wird.

Die Bilder 33 und 34 zeigen nun zwei solcher Exponentialverteilungen unter einem Kettenlaufwerk (mit 7 Laufrollen), wobei sehr deutlich sichtbar ist, wie die Kettenspannung den „tragenden Bereich" unter der Kette ($-r_1/+r_2$) beeinflusst.

Bild 26 zeigt eine Exponentialverteilung bei normaler Kettenspannung – die Form der Druckverteilung unter den einzelnen Laufrollen ist ähnlich der Sinusverteilung (vgl. Bild 9).

Bild 27 zeigt sehr deutlich den Einfluss erhöhter Kettenspannung auf den Druckverlauf. Der Druck zwischen den Laufrollen ist erheblich höher, die Druckspitzen unter den Laufrollen nehmen daher entsprechend ab.

Für den Druckbereich um eine Laufrolle gilt: $|-r_{1B}| = |r_{2B}|$ – Bereich B in Bild 26.

An der ersten und der letzten Laufrolle gilt auf Grund der unterschiedlichen Ketteneinund -auslaufgeometrie: $|-r_{1A}| \neq |r_{2A}|$ – Bereich A in Bild 26.

Bild 28 zeigt den direkten Vergleich dreier Kettenspannungen. Es ist sehr gut erkennbar, dass bei erhöhter Kettenspannung (Kurve 1) der tragende Bereich um eine Laufrolle weit ausgeprägter ist als bei geringer Kettenspannung (Kurve 3).

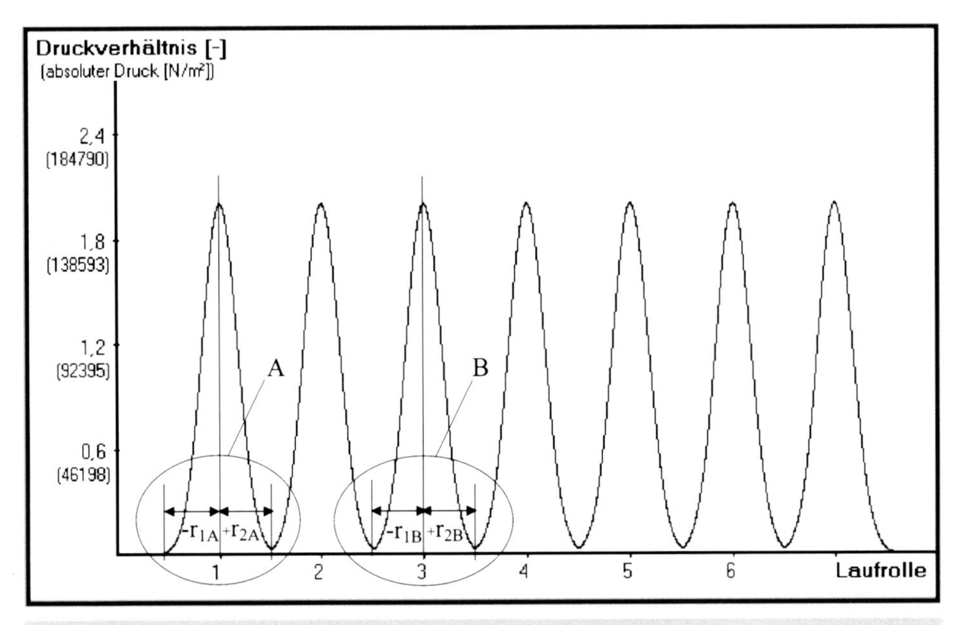

Bild 26: Exponentialverteilung: normale Kettenspannung

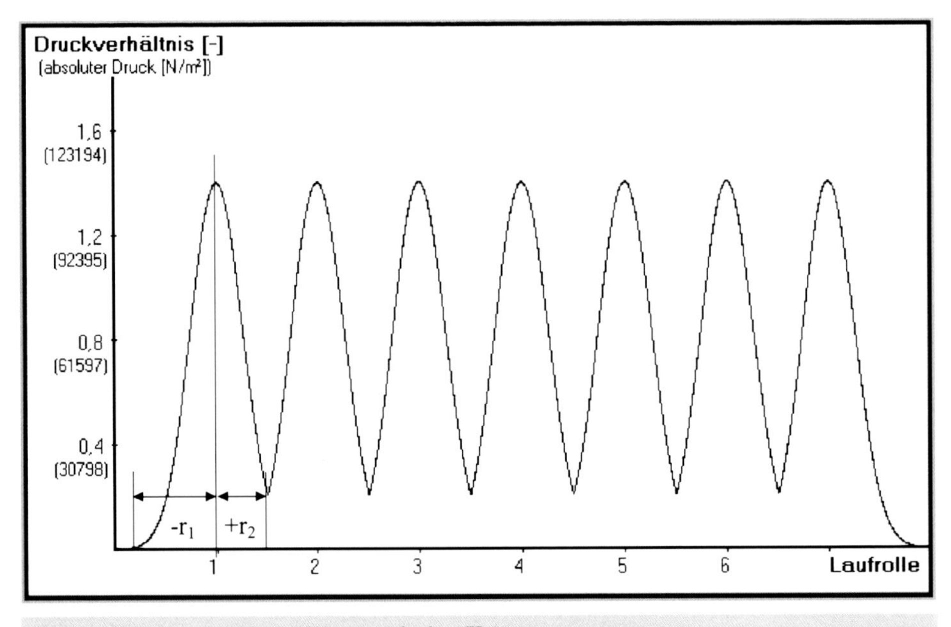

Bild 27: Exponentialverteilung: erhöhte Kettenspannung

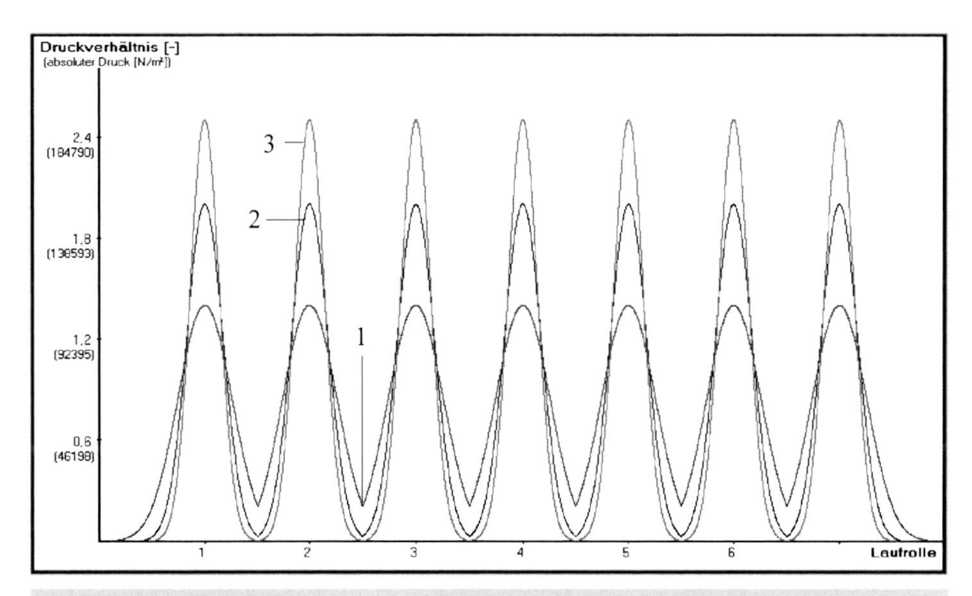

Bild 28: Exponentialverteilung: Vergleich verschiedener Kettenspannungen

Da die Druckspitzen den größten Anteil am Einsinkwiderstand haben, wird durch die erhöhte Kettenspannung und den dadurch verringerten Maximaldruck der Einsinkwiderstand deutlich reduziert. Allerdings wirkt die erhöhte Kettenspannung enorm materialbelastend, sodass diese Maßnahme nur für kurze Zeit zum Einsatz kommen kann. Grundsätzlich ist das Fahrzeug mit nominaler/normaler Kettenspannung zu betreiben.

4.1.2 Räderlaufwerk

Analog zum Kettenlaufwerk wird auch beim Räderlaufwerk versucht, durch möglichst realitätsnahe Beschreibung der Laufwerk-Boden-Interaktion ein realistisches Modell zu entwickeln.

Im Folgenden wird nun mittels verschiedener Modelltheorien die Kontaktlinie zwischen Einlaufpunkt A – dem Beginn des Kontaktes Rad-Untergrund – und Auslaufpunkt B – Ende des Kontaktes Rad-Untergrund – (siehe Bild 29) beschrieben.
Alle im Folgenden verwendeten Ansätze zur Bestimmung von

- maximaler Einsinktiefe z_0 sowie
- Ein- und Auslaufwinkel Θ_e und Θ_a

erfolgen analog Kapitel 3.2., Räderlaufwerk.

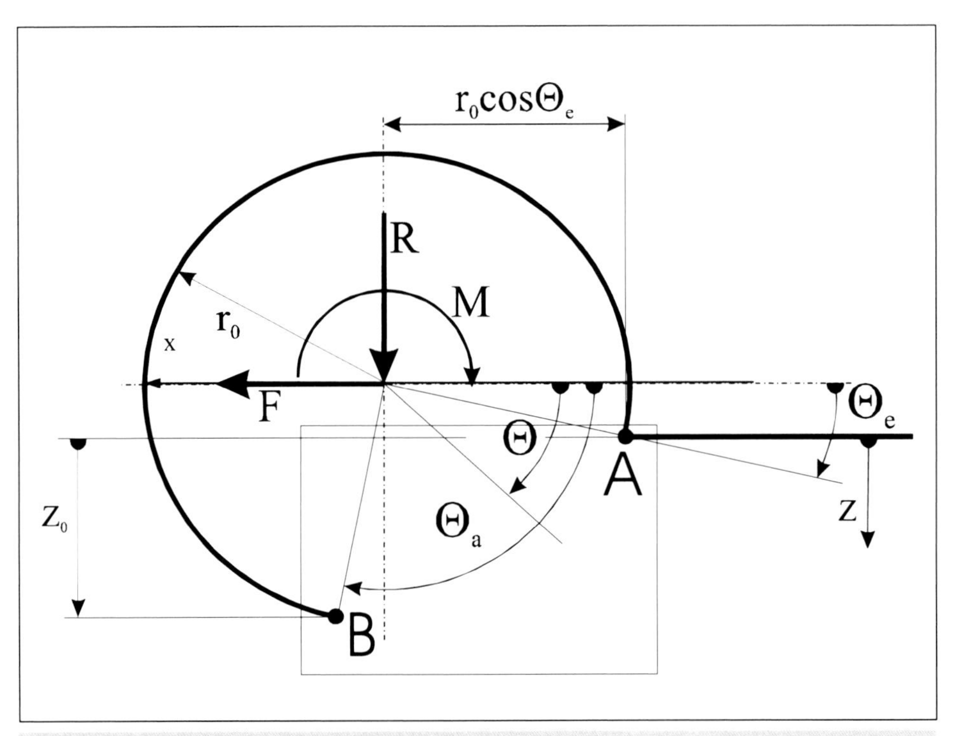

Bild 29: Verformbarer Reifen: Kontaktbereich

Durch die Berücksichtigung der unterschiedlichen Kontaktgeometrien der einzelnen Modelle wird der Einfluss der jeweiligen geometrischen Verhältnisse auf das Mobilitätsverhalten erarbeitet.

Es werden nun die entsprechenden geometrischen Verhältnisse an der Kontaktgeometrie in Abhängigkeit von der Laufvariable x bzw. vom Radwinkel Θ abgeleitet.

4.1.2.1 Allgemeiner Verlauf der Kontaktlinie Rad – Untergrund

Grundsätzlich kann die Beschreibung der Kontaktlinie zwischen Einlaufwinkel Θ_e (Pkt. A in Bild 29) und Auslaufwinkel Θ_a (Pkt. B in Bild 29) auf zwei Arten erfolgen:

- als Funktion der Länge x,
- als Funktion des Winkels Θ.

Da die überwiegende Zahl der anwendbaren Kurven eine einfache kartesische Darstellungsform $y = f(x)$ hat, wird im Folgenden anhand eines allgemeinen Verlaufes der Vorgang zur Ermittlung aller notwendigen Parameter als Funktion der Länge x beschrieben und danach in den folgenden Abschnitten auf spezielle Kontaktgeometrien eingegangen.

Nach Bild 30 gilt allgemein für die örtliche Einsinktiefe:

$$z(x) = f(x) \tag{43}$$

sowie für den dazugehörigen örtlichen Tangentenwinkel:

$$\alpha(x) = \frac{\pi}{2} - \frac{df(x)}{dx} \tag{44}$$

und den Radius r(x):

$$r(x) = \sqrt{r_0^{\,2} + x^2 + 2r_0(z(x)\sin\Theta_e - x\cos\Theta_e) + z(x)^2} \tag{45}$$

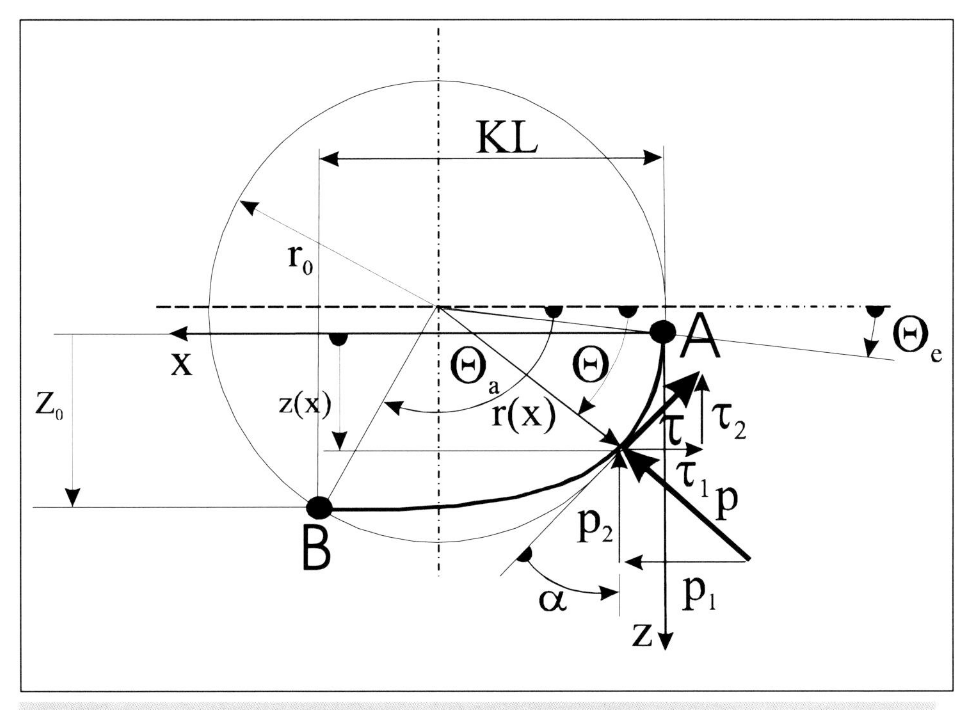

Bild 30: Allgemeiner Verlauf der Kontaktlinie Rad – Untergrund

Zur Ermittlung des Scherweges j(x) – siehe auch Bild 12 – wird mit

$$\cos(\Theta_{as} - \Theta) \hat{=} \cos(\frac{\pi}{2} - \alpha(x)) = \sin(\alpha(x)) \tag{46}$$

$$j(x) = \int_{\Theta_e}^{\Theta(x)} r(x)(1-(1-i)\sin(\alpha(x)))d\Theta(x) \tag{47}$$

wobei jedoch auf Grund der nunmehrigen Längen- (x-) Abhängigkeit der geometrischen Größen z und α folgende Substitution durchgeführt werden muss:

$$x = r_0\cos(\Theta_e) - r(x)\cos(\Theta(x)) \tag{48}$$

$$dx = r(x)\sin(\Theta(x))d\Theta(x) - \frac{dr(x)}{dx}\cos(\Theta(x))dx \tag{49}$$

Und daraus:

$$d\Theta(x) = \frac{(1+\frac{dr(x)}{dx}\cos(\Theta(x)))dx}{r(x)\sin(\Theta(x))} \tag{50}$$

sowie mit der geometrischen Beziehung:

$$\Theta(x) = \arccos(\frac{r_0\cos(\Theta_e)-x}{r(x)}) \tag{51}$$

ergibt sich:

$$d\Theta(x) = \frac{(1+\frac{dr(x)}{dx}\cos(\arccos(\frac{r_0\cos(\Theta_e)-x}{r(x)})))dx}{r(x)\sin(\arccos(\frac{r_0\cos(\Theta_e)-x}{r(x)}))} \tag{52}$$

Dies führt letztendlich zu:

$$j(x) = \int_0^{KL} r(x)(1-(1-i)\sin(\alpha(x))) \frac{(1+\frac{dr(x)}{dx}\cos(\arccos(\frac{r_0\cos(\Theta_e)-x}{r(x)})))}{r(x)\sin(\arccos(\frac{r_0\cos(\Theta_e)-x}{r(x)}))} dx \tag{53}$$

Im Folgenden werden nun insbesondere die geometrischen Besonderheiten der unter 4.1. angeführten Kontaktgeometrien detailliert dargestellt. Die weitere Modellierung/Berechnung erfolgt auf Basis der allgemeinen Herleitung.

4.1.2.2 Starres, unverformtes Rad

Für die Einsinktiefe z(x) gilt mit $r(x) = r_0$:

$$z(x) = r_0(\sin\Theta - \sin\Theta_e) \tag{54}$$

Der ortsabhängige Tangentenwinkel $\alpha(x)$ errechnet sich aus der Beziehung:

$$\alpha(x) = \Theta \tag{55}$$

Analog der unter 4.1.2.1. gezeigten Systematik werden die weiteren geometrischen Abhängigkeiten ermittelt.

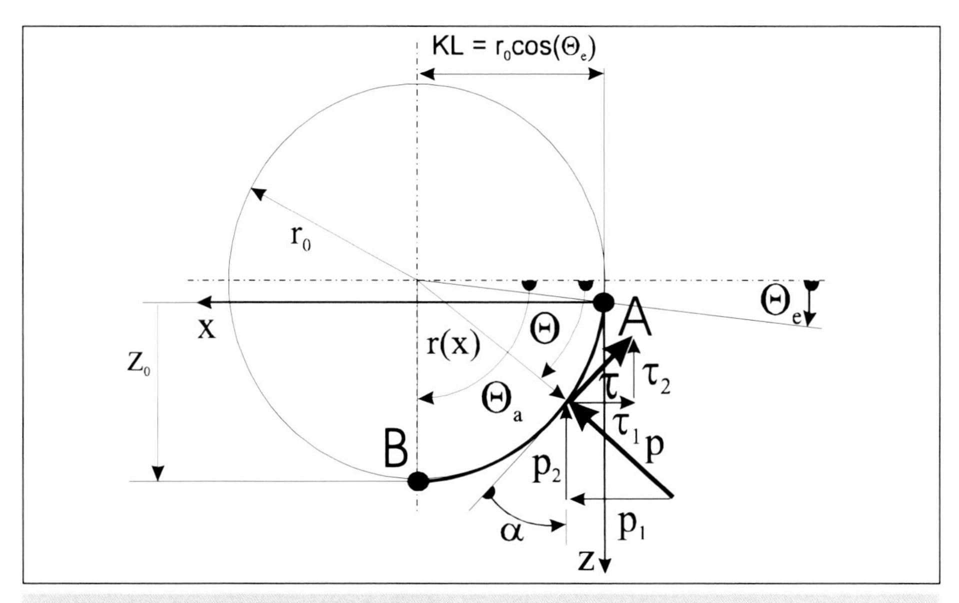

Bild 31: Starres, unverformbares Rad

4.1.2.3 Parabolischer Verlauf der Kontaktlinie

Beschreibung der Kontaktlinie zwischen A und B durch die Parabelgleichung:

$$z(x) = c\sqrt{x} \tag{56}$$

Mit der Randbedingung für die Kontaktlänge KL (siehe Bild 32):

$$z_0 = c\sqrt{KL} \tag{57}$$

ergibt sich:

$$z(x) = \frac{z_0}{\sqrt{KL}}\sqrt{x} \tag{58}$$

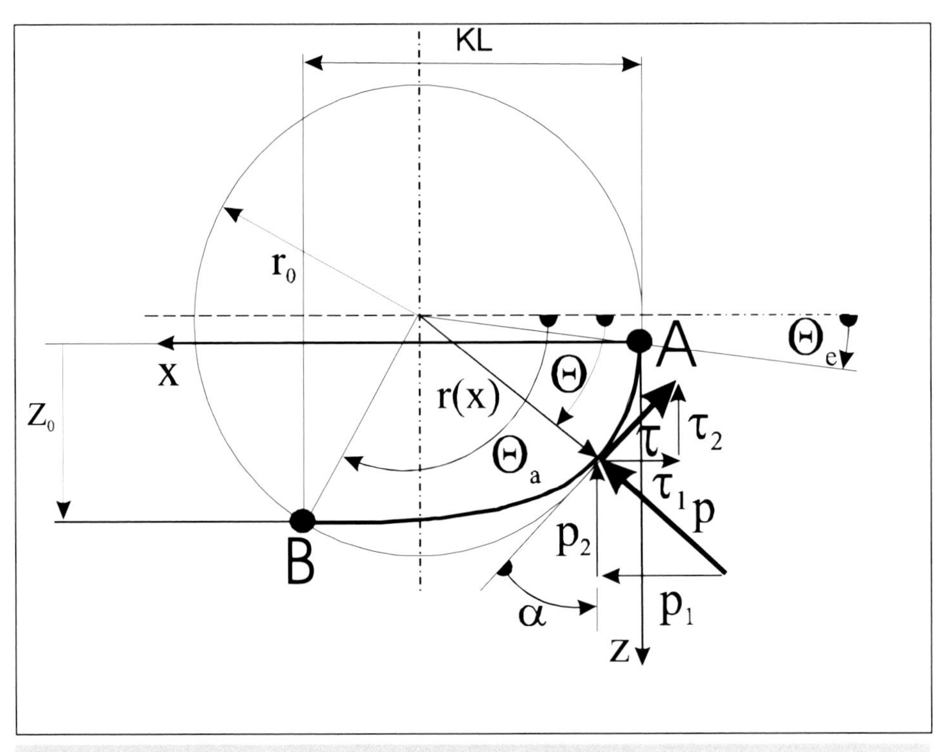

Bild 32: Verformbarer Reifen: parabolische Kontaktlinie

4.1.2.4 Teilweise abgeflachter Verlauf der Kontaktlinie

Hier müssen zwei Bereiche geometrisch unterschieden werden, nämlich:

Bereich A – C:

Im Bereich A – C wird ein unverformtes Rad als Modellansatz herangezogen, wobei davon ausgegangen wird, dass sich C symmetrisch zu B – bezogen auf die vertikale Radachse – einstellt.

Es gelten alle Beziehungen entsprechend Kapitel 4.1.2.2 bzw. nach Bild 31 (starres, unverformbares Rad).

Für die Einsinktiefe z(x) gilt mit r(x):

$$z(x) = r(x)(\sin\Theta - \sin\Theta_e) \tag{59}$$

Bereich C – B:

Es gilt: $\alpha(x) = 90°$

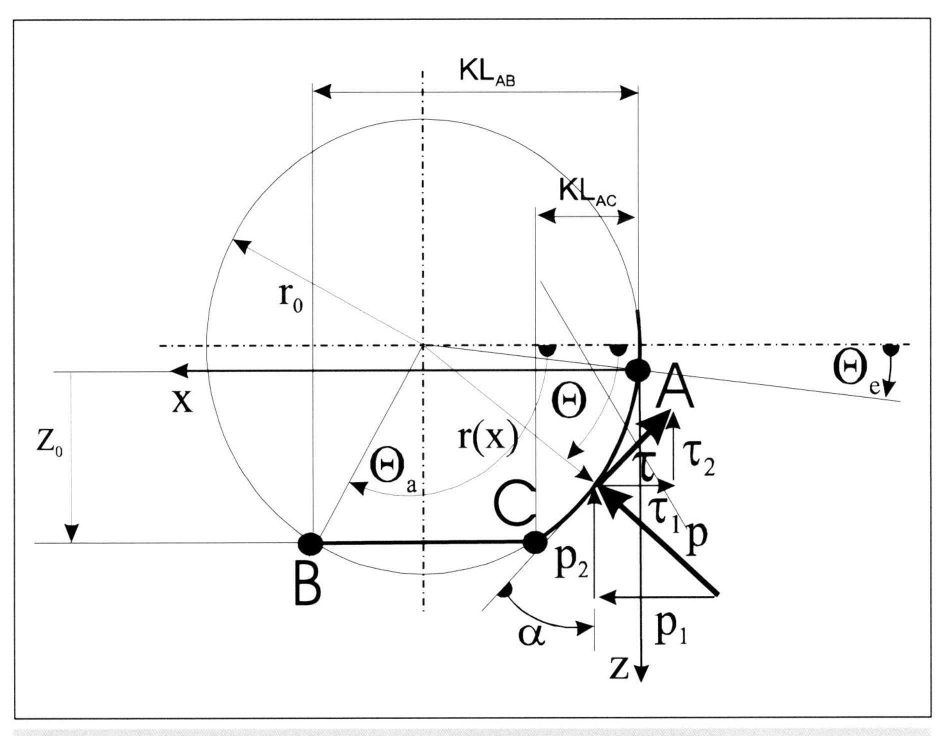

Bild 33: Verformbarer Reifen: teilweise abgeflachte Kontaktlinie

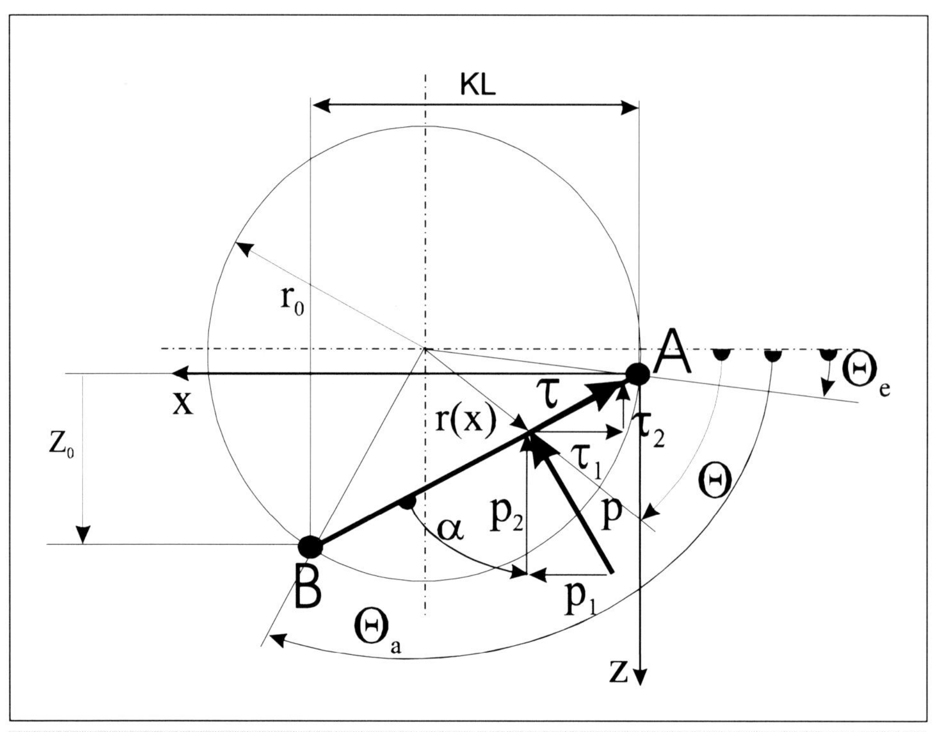

Bild 34: Verformbarer Reifen: schräger Verlauf der Kontaktlinie

4.1.2.5 Schräger Verlauf der Kontaktlinie – Bild 34

Für die Einsinktiefe z(x) gilt:

$$z(x) = z_0 \frac{x}{KL} \tag{60}$$

4.1.2.6 Anwendung der Kontaktgeometrien

Die eben vorgestellten Kontaktgeometrien ermöglichen durch (einfache) mathematische Beschreibung die Modellierung der Reifen-Untergrund-Geometrie. Wann welches Modell Verwendung findet, kann nicht generell vorgegeben werden, da sehr viele Parameter – sowohl boden- wie auch fahrzeugseitig – die sich einstellende Geometrie beeinflussen.

Eine erste Auswahl kann auf Basis folgender Informationen erfolgen:

- Bei Vorliegen von Messergebnissen wird das diese am besten beschreibende Modell gewählt und so eine Datenbank aufgebaut.
- Liegen keinerlei Informationen über die Reifen-Boden-Interaktion vor, so kann nach folgender Überlegung vorgegangen werden:

Harter Boden und geringer Reifendruck: Radmodell
Parabolischer Verlauf der Kontaktlinie siehe 4.1.2.3. bzw. Bild 32

Weicher Boden und hoher Reifendruck: Radmodell
Teilweise abgeflachter Verlauf der Kontaktlinie siehe 4.1.2.4. bzw. Bild 33

4.2 Vortriebsbedingung

Zur Feststellung, ob Fortbewegung möglich ist oder nicht, muss die vom Fahrzeug abgegebene Umfangskraft mit der vom Boden aufzunehmenden Zugkraft verglichen werden. Die maximal vom Boden aufgenommene bzw. übertragbare Zugkraft wird „Bruttozugkraft“ (B) genannt, die für die Bestimmung des Vortriebs zur Verfügung stehende Kraft „Nettozugkraft“ (N).

Man definiert:

B.......Bruttozugkraft
die vom Boden in Abhängigkeit vom Schlupf übertragbare maximale Zugkraft

N.......Nettozugkraft
Bruttozugkraft abzüglich der (zum Teil schlupfabhängigen) Rollwiderstände (siehe auch 3.5.1. und 3.5.2.)

Bild 35 zeigt beispielhaft für eine Fahrzeug-Boden-Kombination den Verlauf von Brutto (B)- und Nettozugkraft (N).

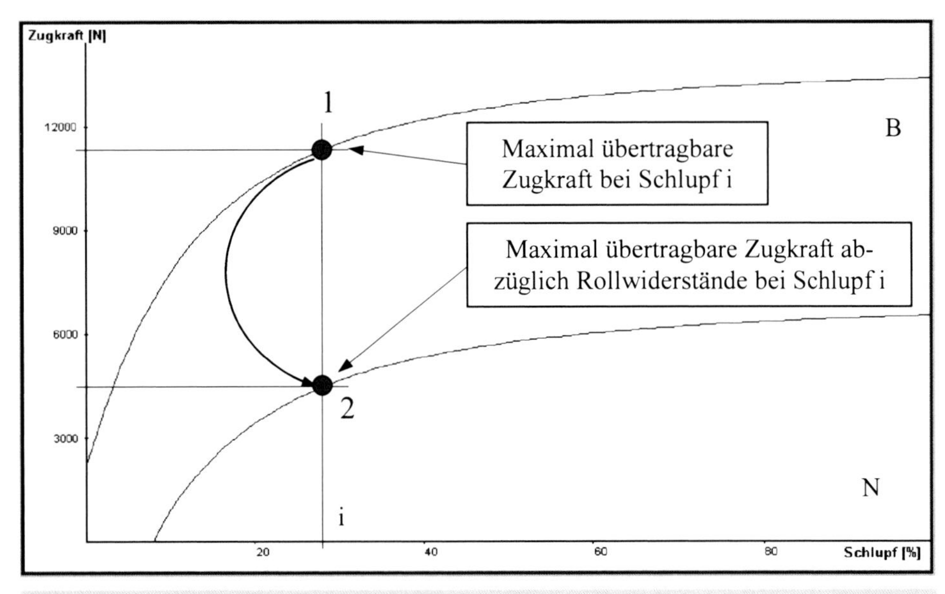

Bild 35: Vergleich von Brutto- und Nettozugkraft

Für Fortbewegung muss nun gelten:

1. Kräftegleichgewicht zwischen der am Laufwerk (Kette oder Räder) abgegebener Umfangskraft und der maximal übertragbaren Bruttozugkraft.
2. Vortriebskraft = Umfangskraft – Fahrwiderstände ≥ 0.

In Bild 35 bezeichnet Punkt 1 einen Gleichgewichtszustand zwischen vom Laufwerk abgegebener Umfangskraft und vom Boden übertragbarer Zugkraft. Punkt 2 beschreibt den zu Punkt 1 gehörigen (Netto-)Kraftanteil, der nach Abzug der zum Teil schlupfabhängigen Rollwiderstände zur Beschleunigung des Fahrzeuges – seitens des Bodens – zur Verfügung steht.

Betrachtet man einerseits den Verlauf der (Brutto-)Zugkraft, so stellt diese die maximal mögliche übertragbare Kraft seitens des Bodens dar.
Untersucht man andererseits den (An-) Fahrvorgang eines Fahrzeuges, gibt es zwei grundsätzliche Laufwerk-Boden-Interaktionsbereiche (siehe Bild 36, wie in Bild 35, Bodenart: „fester Lehm"):

- Bereich 1: Vom Fahrzeug abgegebene Umfangskraft größer oder gleich der maximalen, vom Boden übertragbaren Zugkraft
- Bereich 2: Vom Fahrzeug abgegebene Umfangskraft kleiner als die zum Vortrieb benötigte.

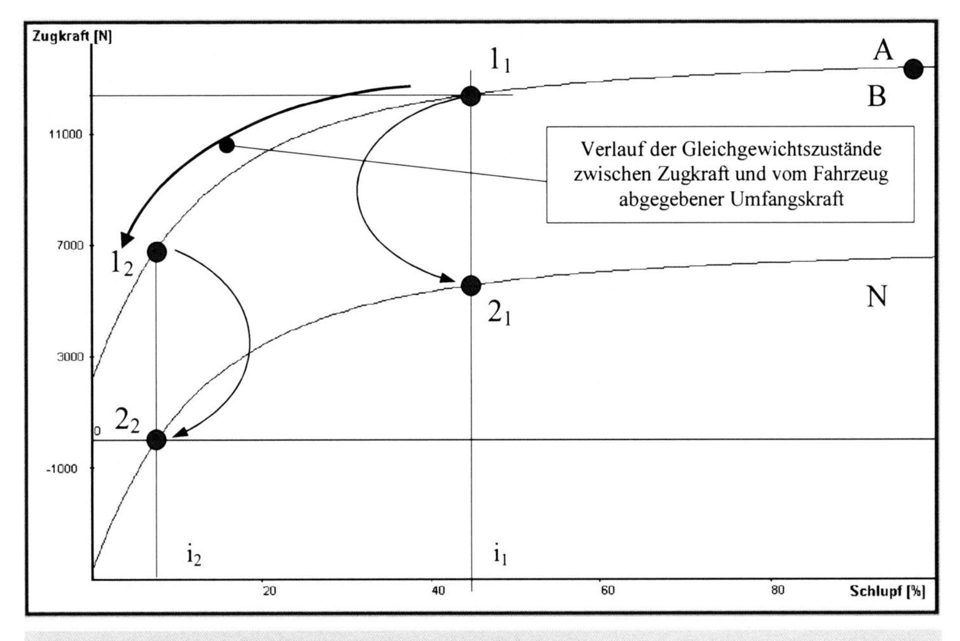

Bild 36: Laufwerk-Boden-Interaktionsbereiche

Bereich 1: Solange die vom Fahrzeug abgegebene Umfangskraft größer ist als die maximal vom Boden übertragbare (Brutto-)Zugkraft, kommt es zu 100% Schlupf – die Kette/das Rad dreht durch (Punkt A in Bild 36). Verringert sich nun die Umfangskraft (Motorkennlinie bei höheren Drehzahlen, in höheren Gängen etc.), so beginnt sich ein Gleichgewichtszustand zwischen Umfangskraft und Zugkraft bei Schlupf i_1 einzustellen (Punkt 1_1 in Bild 36). Ab diesem Punkt wird die Umfangskraft zum Vortrieb genutzt. Die Rollwiderstände ergeben sich aus der Differenz von Brutto- zu Nettozugkraft (Punkt 1_1 bzw. Punkt 2_1). Somit ist der durch Punkt 2_1 ausgewiesene Wert der Nettozugkraft ein Maß für den Vortrieb.

Bereich 2: Kommt man durch stetiges Verringern der Umfangskraft in Bereiche geringer werdender Zugkraft – Punkt 1_2 in Bild 36 – so wird ein Gleichgewichtszustand erreicht, ab dem die Rollwiderstände gleich groß oder gar größer sind als die Vortriebskraft.
Sind die Rollwiderstände gleich groß wie die Vortriebskraft, so ist nur mehr stationäres Fahren (konstante Geschwindigkeit) möglich. Sind die Rollwiderstände sogar größer (siehe Punkt 1_2 zu Punkt 2_2 in Bild 36, die Nettozugkraft wird negativ – etwa nach einem Schaltvorgang in den nächst höheren Gang), so kommt es sogar zu einer Geschwindigkeitsreduktion bis sich wieder ein Gleichgewichtszustand zwischen Vortriebskraft und Rollwiderständen einstellt.

Diese beiden Interaktionszustände charakterisieren grundsätzlich den Vortriebvorgang. Sie bilden die Grundlage für die im nächsten Kapitel durchgeführten Auswertungen und werden im Zuge dieser Analysen noch näher beschrieben.

5 Auswertungen und Analysen

Die nun folgenden Auswertungen geben beispielhaft anhand von ausgewählten Böden/Bodenarten und Fahrzeugkonzepten unter Anwendung der eben hergeleiteten Beziehungen Einblick über Auswirkungen, Sensibilität und Wirksamkeit von Parameter- bzw. Konzeptveränderungen bezogen auf die jeweilige Boden-Fahrzeug-Kombination.

Unbefestigter Boden:

- Loser Boden: fester Lehm, sandiger Lehm
- Organischer Boden: Ackerboden I
- Fester Boden: Ackerboden II

Befestigter Boden:

- Befestigte Fahrbahn: trockener Asphalt

Fahrzeugkonzepte:

- „Radfahrzeug-leicht“: 2-achsig, 4x4, 2.8t
- „Radfahrzeug-schwer“: 2-achsig, 4x4, 3.5t
- Kettenfahrzeug: 7 Laufrollen, 30t:

5.1 Anfahrvorgänge

Unter Berücksichtigung der Bodencharakteristika ist es nun möglich, in Kombination mit detailliert beschriebenen Fahrzeugkonzepten, das Mobilitätspotential einer Fahrzeug-Boden-Kombination zu untersuchen.

Dies geschieht vorerst in Form von sog. Einzelanalysen (auch: Geschwindigkeit-Zeit-Verlauf). Diese beschreiben den Anfahrvorgang – Anfahren aus dem Stillstand und Beschleunigung bis zum Erreichen einer bestimmten Geschwindigkeit als Funktion der Zeit – von verschiedenen Fahrzeug(konzept)en auf unterschiedlichen Bodenarten.

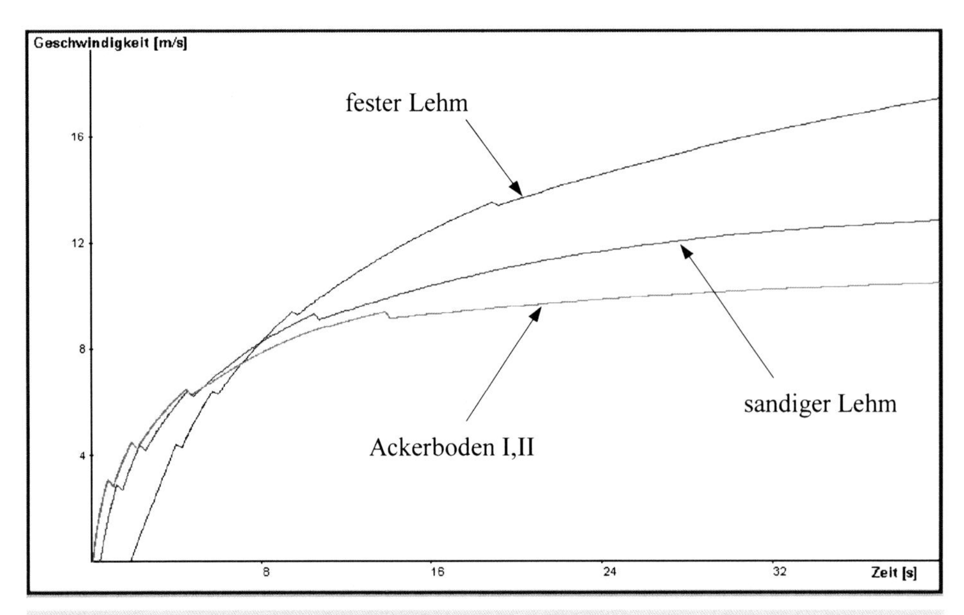

Bild 37: Geschwindigkeit-Zeit-Verlauf: Kettenfahrzeug

5.1.1 Auswertungen

5.1.1.1 Kettenfahrzeug

5.1.1.1.1 Ausgangssituation

Bild 37 zeigt vorerst eine Einzelanalyse für das Kettenfahrzeug auf unterschiedlichen Böden.

Als Druckverteilungsansatz wird (vorerst) die „Sinusverteilung“ (siehe auch 3.2.1.) herangezogen; der Motorlastbereich ist stets 100% (Volllast).

Generell ist ein sehr bodenabhängiges Anfahr-/Beschleunigungsverhalten zu erkennen. Während die beiden Ackerböden geradezu identes Verhalten zeigen, ist die Beschleunigungscharakteristik auf festem und sandigem Lehm sehr unterschiedlich.

Auf festem Lehm beginnt die Geschwindigkeitszunahme erst nach rund 1,9 Sekunden. Dies ist dadurch zu erklären, dass der Boden die vom Fahrzeug aufgebrachte Vortriebskraft nicht (sofort) übertragen kann, es also zu 100% Schlupf kommt, und die Kette „durchdreht“. Erst wenn bei steigender Drehzahl die abgegebene Vortriebskraft (entsprechend der Motorkennlinie) abnimmt, kann der Boden diese aufnehmen bzw. übertragen und das Fahrzeug beginnt zu fahren. Ist dieser Bereich einmal erreicht, ist sehr schnell eine Geschwindigkeitszunahme zu erzielen, da der Rollwiderstand relativ gering ist, verglichen mit den anderen Bodenarten.

Betrachtet man nun dasselbe Fahrzeug auf sandigem Lehm, ist ersichtlich, dass auch eine gewisse Zeit – ca. 0,5 Sekunden lang – kein Vortrieb möglich ist, die übertragbare Kraft jedoch höher ist und somit beginnt das Fahrzeug schon früher zu fahren. Auf Grund der Bodenbeschaffenheit ist aber eben auch der Rollwiderstand beträchtlich höher, wodurch weit weniger (Netto-)Vortriebskraft zum Beschleunigen zur Verfügung steht und somit nur eine geringere Geschwindigkeitszunahme mit der Zeit möglich ist.

Ackerboden zeigt in der Anfangsphase trotz des augenscheinlich höchsten Rollwiderstandes ein weitaus besseres Verhalten als erwartet. Es kann von Anfang an die volle Kraft zur Beschleunigung genutzt werden und auch der Fahrwiderstand ist verglichen mit sandigem Lehm nicht wirklich nachteilig (nahezu paralleler Verlauf der Kurven). Betrachtet man aber den weiteren Verlauf – ab ca. 4 Sekunden – zeigt sich die Wirkung des erhöhten Rollwiderstandes und die Geschwindigkeitszunahme verflacht zunehmend. Hier wirkt sich der geringere Rollwiderstand von sandigem Lehm zugunsten eines höheren Beschleunigungsvermögens aus.

Dass es keinen Unterschied zwischen Ackerboden I und II gibt, lässt sich damit erklären, dass Ackerboden sehr hohe Kräfte übertragen kann und der Bereich der Kraftübertragung bei sehr geringen Schlupfwerten liegt. Daher kommt der kleine Unterschied in den Maximalwerten der Zugkraft nicht zum Tragen. Ganz anders wäre das Verhalten, würde die Zugkraft bei höheren Schlupfwerten bzw. im Bereich der maximalen Zugkraft zu übertragen sein. Dann würde sich der unterschiedliche Verlauf der Zugkraft-Schlupf-Kurven durchaus auswirken.

Ausgehend von diesen Erkenntnissen stehen für Parameteranalysen folgende Ansätze zur Verfügung:

- Variation der Modellierung der Fahrwerk-Boden-Interaktion
- Variation der Fahrzeugparameter

Die durch Variation der Modellierung der Fahrwerk-Boden-Interaktion auftretenden Effekte und deren Auswirkung auf das Vortriebsverhalten können zusammenfassend wie folgt beschrieben werden:

- Gleichmäßige Druckverteilung unter dem Laufwerk bei stationärer Fahrt (v = konst.) ergibt höchste Zugkraft.
- Erhöhte Belastung des Hecks durch außermittige Schwerpunktslage bei stationärer Fahrt verringert geringfügig die übertragbare Zugkraft.
- Erhöhte Belastung des Hecks durch dynamische Achslaständerung während des Anfahr- bzw. Beschleunigungsvorganges erhöht ab einem bestimmten Beschleunigungsniveau die übertragbare Zugkraft.

- Die Variation der Laufrollenabfederung kann in bestimmten Fahrsituationen eine Zugkrafterhöhung bringen.
- Eine Erhöhung der Kettenspannung verringert zwar ebenfalls geringfügig die übertragbare Zugkraft, ermöglicht jedoch auf weichen Böden mit großer Einsinktiefe die Reduktion des Fahrwiderstandes, wodurch die Zugkraftreduktion kompensiert werden kann.

5.1.1.1.2 Variation der Fahrzeugparameter

Wie man unter 6.2.2.1.2. gesehen hat, ermöglicht der Übergang zu einer flexiblen Modellbildung

- die Realitätsnahe Beschreibung des Interaktionszustandes Fahrzeug-Boden als Voraussetzung für
- die Untersuchungen der Auswirkung von Fahrzeugparameter-Variationen.

Die Untersuchung des Einflusses der Änderung von Fahrzeugparametern muss unter Berücksichtigung der Fahrzeugentwicklung erfolgen:

- Konzeptphase des Fahrzeuges: mehr oder weniger alle Variationen (bis hin zur Neukonstruktion) sind noch möglich.
- Bereits realisiertes Fahrzeug: Reduktion der Variationsmöglichkeiten auf bereits vorhandene Systeme.

Um den Umfang der Variationen überschaubar zu halten, werden im Folgenden nur Vertreter letzterer Gruppe berücksichtigt.

Betrachtet man nun Bild 37 als Ausgangssituation, so sieht man zwei grundsätzlich unterschiedliche Verhaltensweisen desselben Fahrzeuges auf unterschiedlichen Böden.

Auf festem Lehm ist es dem Fahrzeug nicht möglich, das ganze zur Verfügung stehende Drehmoment – speziell in den niedrigen Gängen – in Vortrieb umzusetzen, da der Boden nicht soviel Kraft übertragen kann. Ganz im Gegensatz dazu zeigt sich Ackerboden, der zwar die vom Fahrzeug maximal abgegebene Vortriebskraft übertragen kann, jedoch einen relativ hohen Fahrwiderstand aufweist, wodurch sich die Geschwindigkeitszunahme zunehmend verflacht, besonders im Vergleich zu festem Lehm.

Daraus ergeben sich nun zwei grundsätzlich unterschiedliche Ansatzpunkte, um das Vortriebsverhalten des Fahrzeuges zu verbessern:

- die Reduktion der vom Fahrzeug abgegebenen Umfangskraft auf ein vom Boden übertragbares Niveau,
- die Reduktion des Rollwiderstandes.

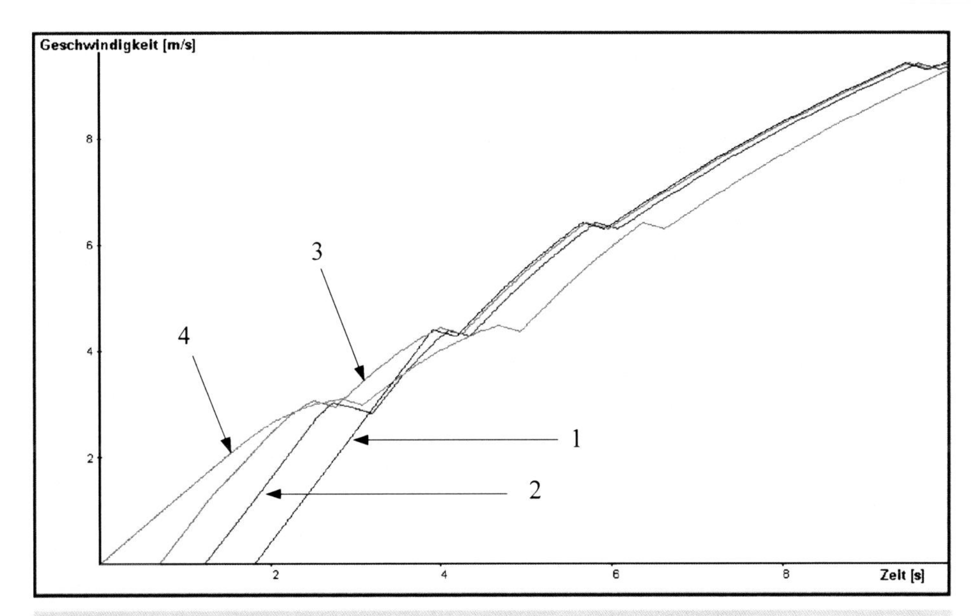

Bild 38: Geschwindigkeit-Zeit-Verlauf: Variation der Lastbereiche

5.1.1.1.2.1 Die Reduktion der vom Fahrzeug abgegebenen Umfangskraft

Unter Reduktion der vom Fahrzeug abgegebenen Umfangskraft ist im weitesten Sinne die Veränderung/Beeinflussung des Motor-Lastbereiches zu verstehen.

Betrachtet man die Volllast-Kurve, wie unter 3.7.1. beschrieben, und ordnet man jedem Gang eine Teillast-Kurve (als Prozentsatz der Volllast-Kurve – siehe auch 3.7.2.) zu, so kann man die abgegebene Umfangskraft in jedem Gang den entsprechenden Bodengegebenheiten anpassen. Dies entspricht der Reaktion des Fahrers auf bestimmte Bodenzustände (Gaspedalstellung).
In Bild 38 sind nun die Geschwindigkeitsverläufe auf festem Lehm für verschiedene Lastbereiche des Motors dargestellt. Es wurden nur die Lastbereiche für die ersten beiden Gänge variiert, da ab dem 3. Gang bereits die volle abgegebene Vortriebskraft übertragen werden kann.

Folgende Variationen wurden durchgeführt:

Kurve	Lastbereich 1. Gang	Lastbereich 2. Gang
1	100%	100%
2	50%	75%
3	35%	50%
4	20%	40%

Man sieht sehr deutlich den Einfluss des Motorlastbereiches auf das Vortriebsverhalten. Betrachtet man Kurve 2, so sieht man, dass durch die Reduktion des Antriebsmomentes ein frühzeitiges Anfahren möglich wird.

Kurve 3 zeigt ein noch besseres Anfahren und ermöglicht ab dem 2. Gang dem Lastbereich entsprechend guten Vortrieb. Reduziert man das Motormoment noch weiter, sodass ein Durchdrehen der Kette ganz unterbunden wird, wie Kurve 4 zeigt, so nimmt jedoch bei konstantem Lastbereich über den gesamten Drehzahlbereich die Vortriebskraft sehr stark bei höheren Drehzahlen ab. Dies führt zu einem verringerten Beschleunigungsvermögen verglichen mit Kurve 3.

Kombiniert man nun die Lastbereichseinstellungen von Kurve 3 und 4 mit kleinen Anpassungen/Erhöhungen der jeweiligen Werte zu:

Kurve	Lastbereich 1. Gang	Lastbereich 2. Gang
5	28%	55%

so erhält man mit Kurve 5 in Bild 39 ein für diese Bodenart – verglichen mit dem Ausgangszustand (Kurve 1 in Bild 38) – nahezu optimales Vortriebsverhalten.

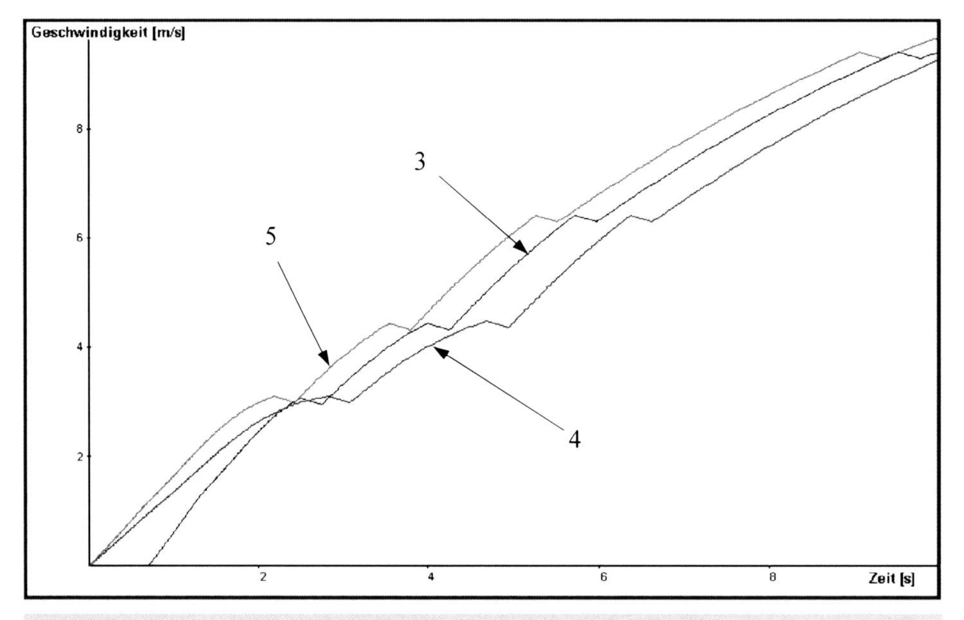

Bild 39: Geschwindigkeit-Zeit-Verlauf, Variation der Lastbereiche

5.1.1.2 Radfahrzeug

5.1.1.2.1 Ausgangssituation

Analog zu den unter 5.1.1.1. gezeigten Einzelanalysen eines Kettenfahrzeuges werden nun Auswertungen für ein Radfahrzeug durchgeführt und diese wiederum in weiterer Folge als Ausgangsbasis für eine beispielhafte Parameteranalyse herangezogen.

Bild 40 zeigt diese Auswertung für die verschiedenen Bodenarten und das „Radfahrzeug-schwer". Es ist sehr deutlich der Unterschied im Geschwindigkeitsverlauf zu erkennen. Während fester Lehm im ersten Gang sehr rasch eine Geschwindigkeitszunahme erlaubt, ist es im zweiten Gang nicht mehr möglich, diese weiterhin aufrechtzuerhalten – es verringert sich die Geschwindigkeit wieder. Anders hingegen das Verhalten bei Befahren der beiden Ackerböden und des sandige Lehms. Diese Böden lassen eine kontinuierliche Beschleunigung zu, allerdings ist der Fahrwiderstand so groß, dass schon im 1. Gang das Drehzahlband nicht bis zur Schaltdrehzahl durchfahren werden kann und somit kein Hochschalten in den zweiten Gang mehr erfolgt.

Ausgehend von diesen Erkenntnissen stehen für Parameteranalysen wiederum folgende Ansätze zur Verfügung:

- Variation der Modellierung der Fahrwerk-Boden-Interaktion
- Variation der Fahrzeugparameter

Beispielhaft wird nachstehend die Variation eines Fahrzeugparameters ausgewertet.

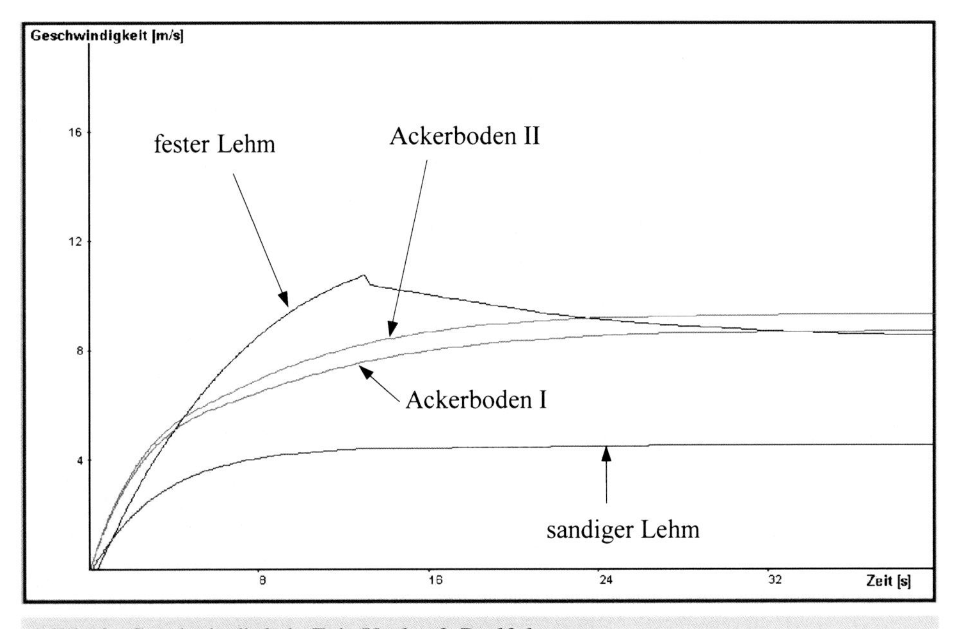

Bild 40: Geschwindigkeit-Zeit-Verlauf: Radfahrzeug

5.1.1.2.2 Die Reduktion des Rollwiderstandes

Maßnahmen zur Reduktion des Fahrwiderstandes sind bei einem bereits realisierten Fahrzeug nur sehr beschränkt möglich. Hauptansatzpunkt ist die Variation des Reifendrucks, da sich dadurch die Einsinktiefe und somit der Rollwiderstand sehr wesentlich beeinflussen lassen.

Durch die Reduktion des Reifendruckes erhöht sich die Reifeneinfederung f und damit auch der Auslaufwinkel Θ_a (siehe auch 3.5.1.2).

Dadurch erhält der Reifen eine größere Aufstands- bzw. Kontaktfläche mit dem Untergrund, wodurch sich einerseits die Einsinktiefe – und somit auch der Rollwiderstand – reduziert und andererseits auch mehr Schubspannung – und somit Zugkraft – übertragen werden kann.

In Bild 41 sind nun die Geschwindigkeitsverläufe auf Ackerboden (im vorliegenden Fall Ackerboden 1), da dieser den höchsten Rollwiderstand zeigt, für verschiedene Reifendruckeinstellungen dargestellt.

Ausgehend von 3 bar Nominalreifendruck (Kurve 1) werden folgende Variationen durchgeführt:

Kurve	Reifendruck
1	3 bar
2	2,5 bar
3	2 bar

Man sieht sehr deutlich in Bild 41 den Einfluss des reduzierten Reifendrucks. Durch die Erhöhung der Reifenaufstandsfläche kommt es zu einer Reduzierung der Einsinktiefe und somit zu einer Verringerung des Rollwiderstandes.

Eine weitere Reduktion des Reifendruckes auf:

Kurve	Reifendruck
4	1,8 bar

führt jedoch zu einem interessanten Ergebnis (siehe Bild 42).

Durch die weitere Reduktion des Rollwiderstandes wird es möglich, das gesamte Drehzahlband des Motors zu durchfahren und in den zweiten Gang zu schalten. In diesem Gang reicht die abgegebene Umfangskraft jedoch nicht aus, um die bereits erreichte Geschwindigkeit aufrecht zu erhalten – eine Geschwindigkeitsreduktion ist die Folge. Es wäre in diesem Fall vorteilhafter, kurz vor Erreichen der (getriebeseitig automatisierten) Schaltdrehzahl, den Motorlastbereich geringfügig zu reduzieren und im ersten Gang zu bleiben.

Diesem Verhalten wird insbesondere in Kapitel 5.2.2. Aufmerksamkeit geschenkt, da bei Befahren eines Missionsprofils dieser Effekt weitaus stärker zum Tragen kommen kann.

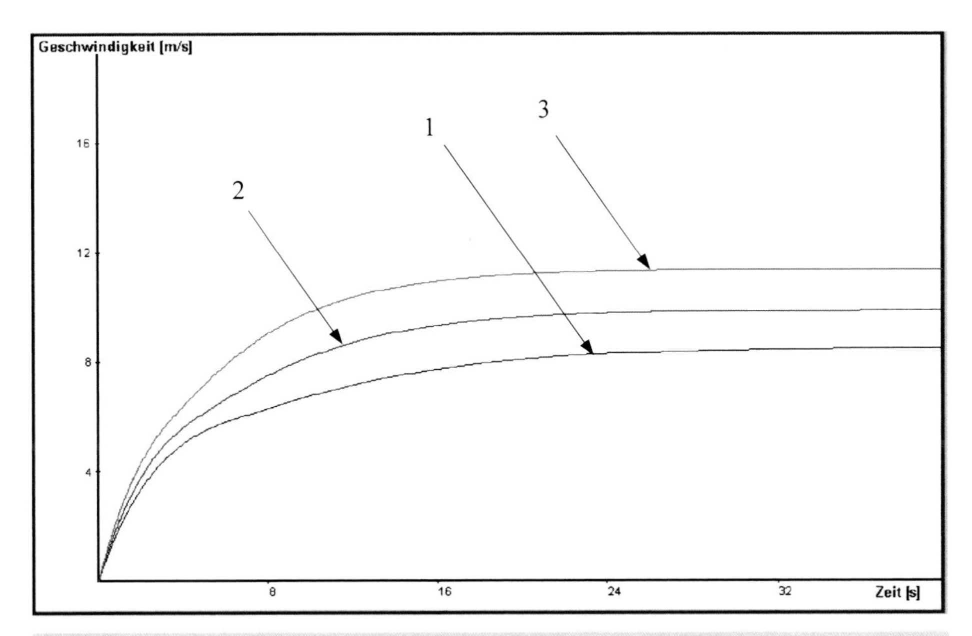

Bild 41: Geschwindigkeit-Zeit-Verlauf: Variation des Reifendrucks

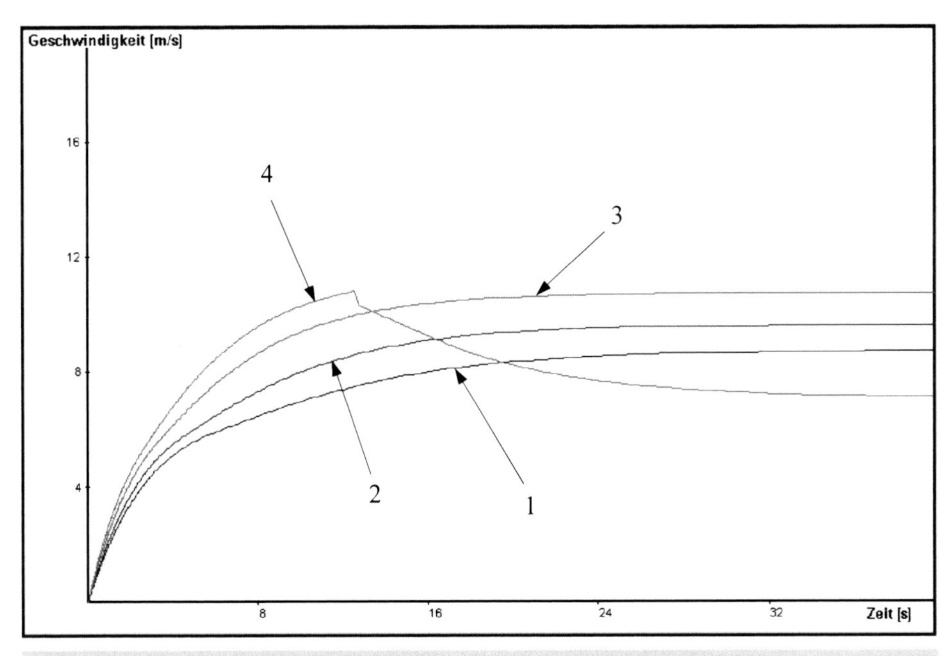

Bild 42: Geschwindigkeit-Zeit-Verlauf: Variation des Reifendrucks

5.1.2 Zusammenfassung

Nach diesen nach Fahrzeugart (Ketten- bzw. Radfahrzeug) getrennten Auswertungen sind sehr gut der Einfluss respektive die Aussagekraft der jeweiligen Parameteranalyse zu erkennen. Unabhängig von Laufwerk-Boden-Interaktion, Umfangskraftverlauf bzw. Motorkennlinie, Bodenmodell etc. erfordert jedes Teilgebiet besondere Aufmerksamkeit, da die Auswirkung auf die jeweiligen Auswertungen durchaus beträchtlich sein kann. Dies ermöglicht aber andererseits auch, gegenseitige Einflüsse – wie etwa Reifendruck und Rollwiderstand, Druckverteilung und übertragbare Zugkraft – (zumindest quantitativ) zu erfassen und bei etwaigen (Neu-) Entwicklungen zu berücksichtigen. Aber auch Sensibilitätsanalysen – wie sehr wirkt sich die Variation eines Parameters auf das Ergebnis aus? – und Konzeptvergleiche sind möglich.

Als Beispiel für einen Konzeptvergleich sei abschließend eine vergleichende Auswertung der Fahrzeug- bzw. Laufwerkskonzepte – Kette vs. Rad – gezeigt. Grundlage dieses Vergleichs ist jeweils die Basisauswertung auf festem Lehm. Wie man an diesem Beispiel sieht, ist der Unterschied zwischen den einzelnen Fahrzeugkonzepten sehr groß – unabhängig von der Modellbildung der einzelnen Interaktionsbereiche.

Da Mobilität und deren Analyse aber eben nicht nur aus Anfahrvorgängen auf homogenem Boden besteht, ist es nun eine logische Konsequenz, die Untersuchungen auf Bodenkombinationen mit unterschiedlichen Steigungen bzw. Gefällen auszudehnen und dabei auch verschiedene Fahrzeuge zu vergleichen. Denn die Beurteilung eines Fahrzeuges hinsichtlich seiner Mobilität besteht aus der Summe seines Verhaltens auf verschiedensten Bodenarten unterschiedlicher Topographie.

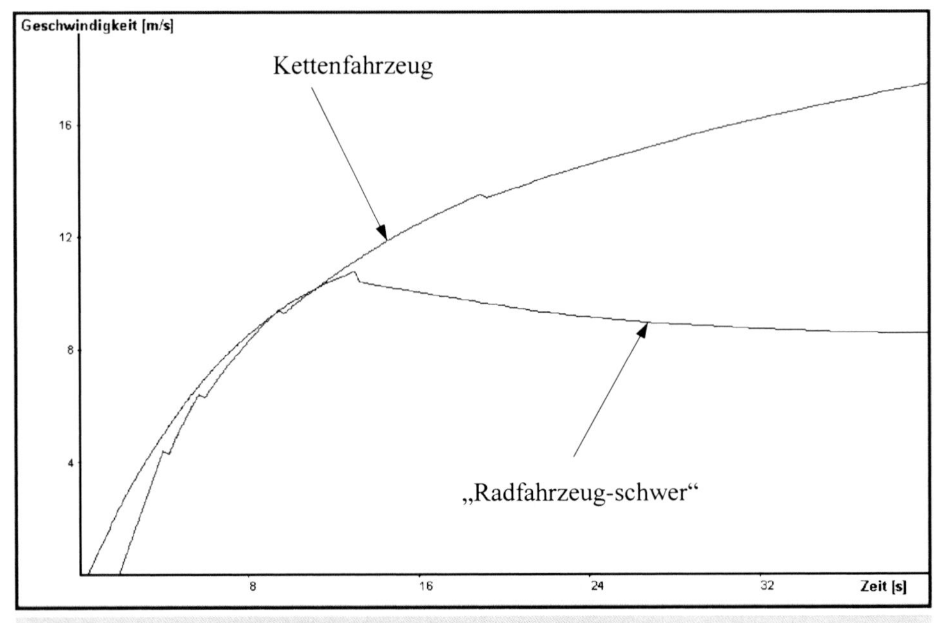

Bild 43: Geschwindigkeit-Zeit-Verlauf: Konzeptvergleich

5.2 Missionsprofile

Nachstehend werden nun Fahrzeugkonzepte hinsichtlich ihres Mobilitätspotentials bei Bewältigung eines bestimmten Wegprofils, dem sog. Missionsprofil, mit wechselnden Bodenarten, Steigungen und Gefällen, untersucht.

5.2.1 Dateneingabe

Die Bilder 44 und 46 zeigen beispielhaft die Eingabemaske zur Festlegung eines Missionsprofils. Ein Missionsprofil besteht generell aus mehreren Abschnitten mit folgenden Charakteristika:

- Bodenart,
- Länge der jeweiligen Bodenart,
- Steigung (positiver Wert) bzw. Gefälle (negativer Wert) innerhalb einer Bodenart.

Im vorliegenden Fall – Bild 44 – besteht das Missionsprofil vorerst einmal aus der durchgehend homogenen Bodenart „trockener Asphalt" über eine Distanz von 5.000 m mit verschiedenen Steigungen und Gefällen.

Die Auswertung für dieses Missionsprofil und das „Radfahrzeug-schwer" unter Motor-Volllast ergibt folgenden Geschwindigkeits-Weg-Verlauf (siehe Bild 45).

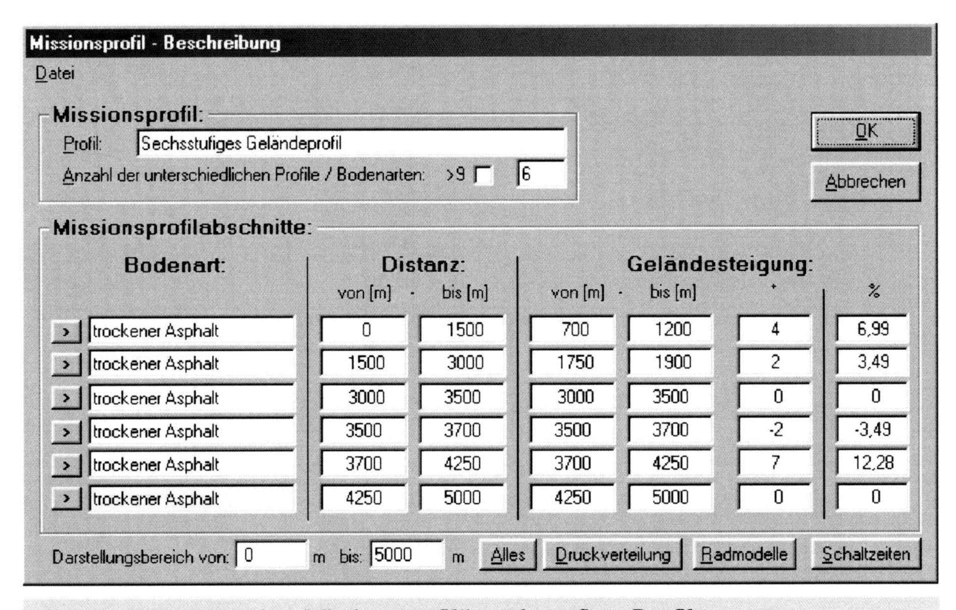

Bild 44: Eingabemaske „Missionsprofil": sechsstufiges Profil

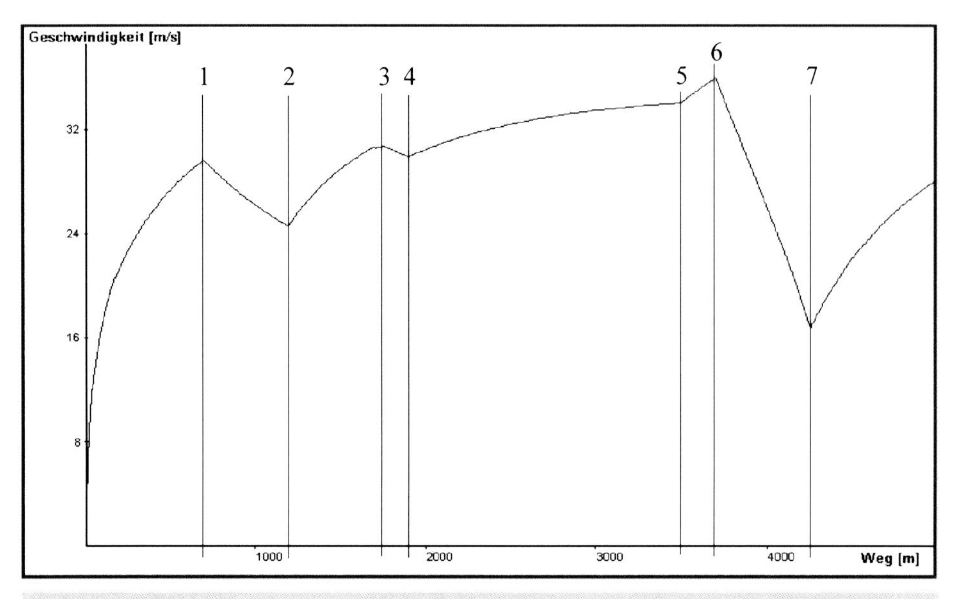

Bild 45: Missionsprofilauswertung: „Radfahrzeug-schwer“, sechsstufiges Profil

Entsprechend Bild 45 sind nochmals folgende Unstetigkeiten zusammengefasst:

Bereich	**Steigung**	**Länge**
1–2	4°/6,99%	500 m
3–4	2°/3,49%	150 m
5–6	–2°/–3,49%	200 m
6–7	7°/12,28%	550 m

In Bild 45 ist sehr deutlich zu sehen, wie sich die unterschiedlichen Steigungen und Gefälle auf den Geschwindigkeitsverlauf auswirken.

Kombiniert man nun innerhalb eines bestimmten Missionsprofils mehrere Bodenarten, so bekommt eine Auswertung für ein bestimmtes Fahrzeugkonzept eine weitaus höhere Aussagekraft.

Bild 45 zeigt die Eingabemaske beispielhaft für ein zweistufiges Geländeprofil, bestehend aus trockenem Asphalt und Ackerboden I. Die Auswertung für das „Radfahrzeug-schwer“ ist in Bild 47 dargestellt.

Anmerkung: In weiterer Folge wird vorausgesetzt, dass der Übergang zwischen zwei unterschiedlichen Bodenarten bei jeder Geschwindigkeit möglich ist, d. h., die dynamischen Fahrwerksbelastungen werden nicht betrachtet.

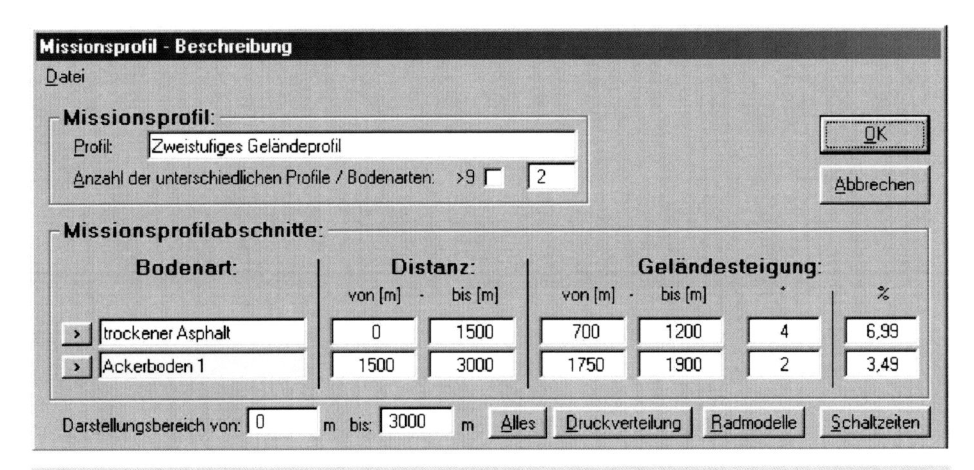

Bild 46: Eingabemaske „Missionsprofil": zweistufiges Profil

Betrachtet man den Geschwindigkeit-Weg-Verlauf in Bild 47, so sieht man folgende Unstetigkeiten:

Bereich	Steigung	Bodenart
bis 1	0%	trockener Asphalt
1–2	4°/6,99%	trockener Asphalt
2–3	0%	trockener Asphalt
3	0°/0%	Übergang auf Ackerboden
4–5	2°/3,49%	Ackerboden
5–6	0°/0%	Ackerboden
ab 6	0°/0%	Ackerboden v = konst.

Signifikant ist der Geschwindigkeitsabfall bei Übergang von trockenem Asphalt auf Ackerboden. Hier kommt der extrem erhöhte Rollwiderstand zum Tragen. Man sieht, dass nach stetigem Zurückschalten, kurz vor Erreichen der 2°-Steigung, kurzfristig noch eine Geschwindigkeitszunahme möglich ist. Nach Bewältigung der 2°-Steigung kommt es zu einer Beschleunigung bis sich ein Gleichgewichtszustand zwischen Vortriebskraft und Rollwiderständen einstellt und keine weitere Geschwindigkeitszunahme mehr möglich ist. Die auf Ackerboden erzielbare Maximalgeschwindigkeit in Bild 47 entspricht auch jener der Anfahrauswertung unter 5.1.1.2.1. (siehe Bild 40, Ackerboden I).

Aber nicht nur der Geschwindigkeitsverlauf alleine ermöglicht Aussagen über die Mobilität. Ein weiteres wichtiges Kriterium ist die Zeitspanne, die man mit einem Fahrzeug zur Bewältigung eines Geländeprofils braucht.

Bild 48 zeigt in Anlehnung an Bild 47 den Zeitverlauf als Funktion des Weges.

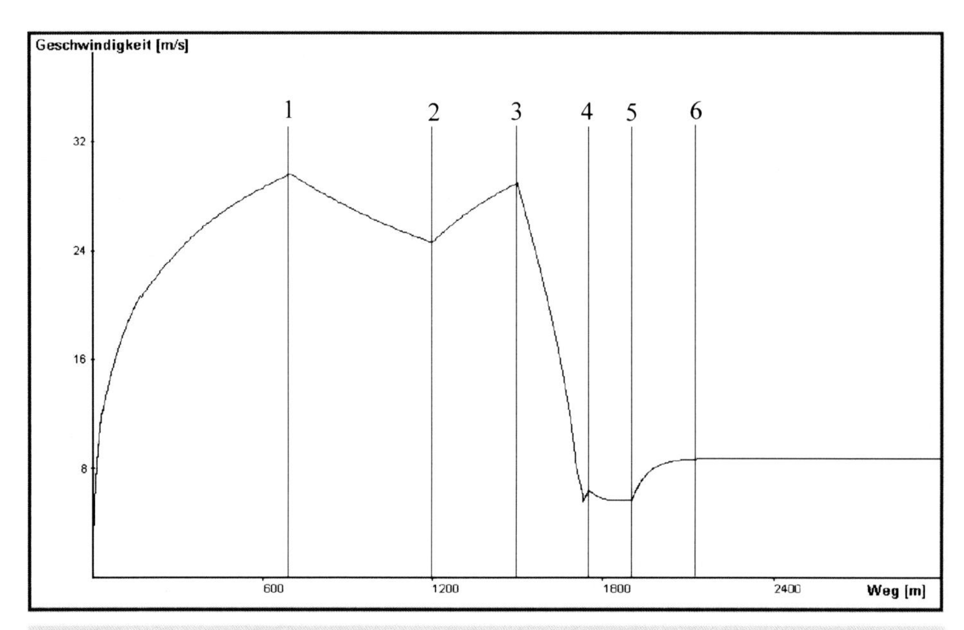

Bild 47: Missionsprofilauswertung: „Radfahrzeug-schwer", zweistufiges Profil

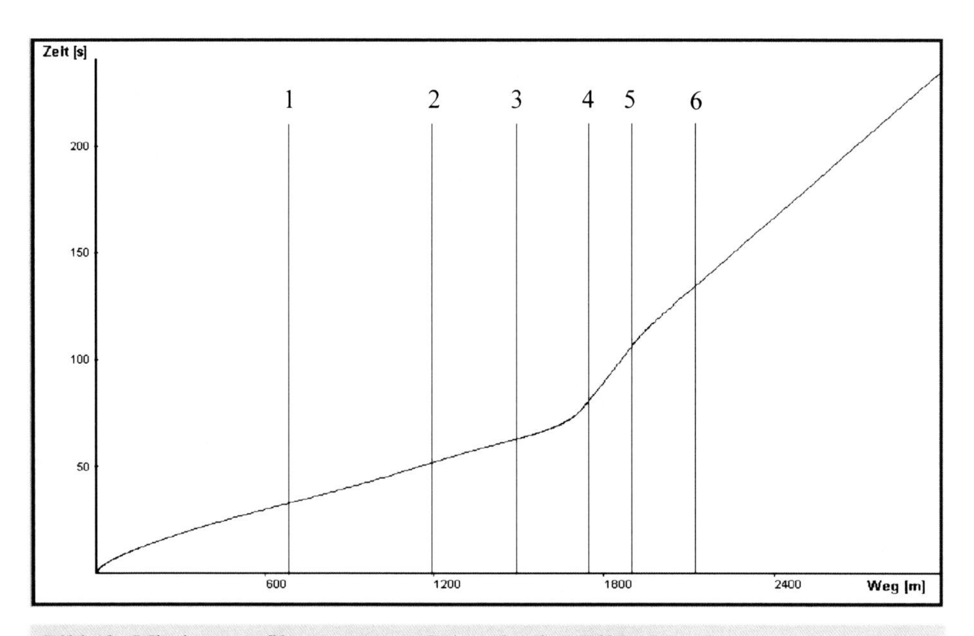

Bild 48: Missionsprofilauswertung: Zeitverlauf zu Bild 47

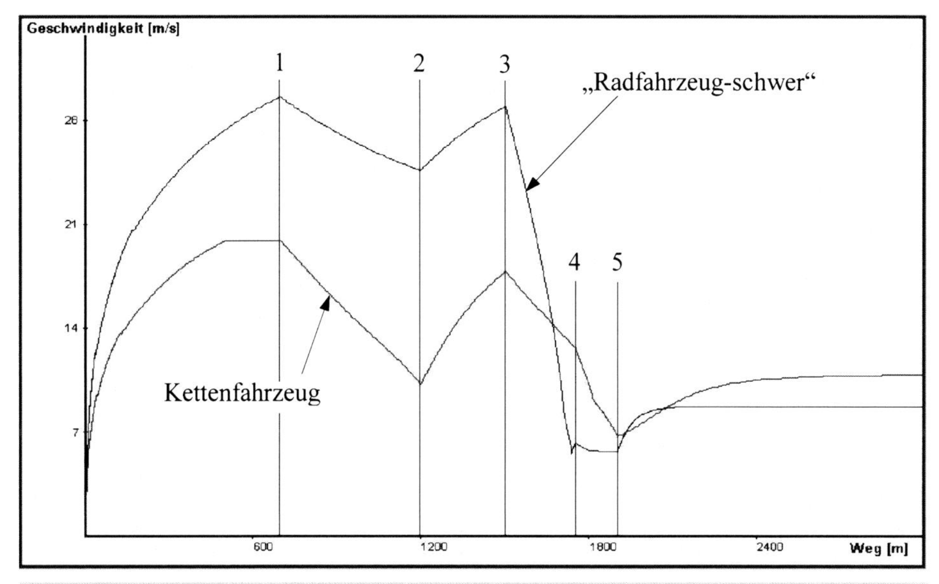

Bild 49: Missionsprofilauswertung: Kettenfahrzeug vs. „Radfahrzeug-schwer“ auf zweistufigem Geländeprofil

5.2.2 Auswertungen

Nach den unter 5.2.1. dargestellten Eingabekriterien und deren grundlegenden Einflüssen auf Auswertungen, werden nun Konzeptvergleiche auf verschiedenen Geländeprofilen verglichen. Auch etwaige (Fahrzeug-)Parametervariationen und deren Einfluss auf das Vortriebsverhalten sollen Gegenstand dieser Auswertungen sein.
Werden nun die beiden Fahrzeugkonzepte

- Kettenfahrzeug sowie
- „Radfahrzeug-schwer“

über ein zweistufiges Geländeprofil, wie in Bild 46 dargestellt, bewegt, so ergibt sich ein Geschwindigkeit-Weg-Verlauf gemäß Bild 49.

Man sieht sehr deutlich, dass das jeweilige Laufwerkskonzept entscheidenden Einfluss auf den Geschwindigkeitsverlauf und letztendlich auf das Mobilitätsverhalten des Fahrzeuges hat.

Auf trockenem Asphalt haben beide Fahrzeuge keine Probleme mit dem Vortrieb. Das Kettenfahrzeug erreicht seine Höchstgeschwindigkeit (zu erkennen am konstanten Geschwindigkeitsverlauf), das Radfahrzeug hat jedoch einen Vorteil auf Grund der höheren Bauartgeschwindigkeit.

Bei beginnender 4°-Steigung ist wiederum ein signifikanter Geschwindigkeitsabfall zu sehen, der beim Kettenfahrzeug weitaus höher ausfällt als beim Radfahrzeug. Dies ist durch die höhere Fahrzeugmasse und den damit gegenüber einem Räderlaufwerk deutlich erhöhten Steigungswiderstand zu erklären, der auch durch den stärkeren Antrieb nicht kompensiert werden kann. Ganz anders sieht die Situation bei Übergang auf den unbefestigten Boden aus. Während das Radfahrzeug enorm an Geschwindigkeit verliert, verhält sich das Kettenfahrzeug weit ausgeglichener.

Erst bei Beginn der 2°-Steigung ist ein deutlicher Geschwindigkeitsabfall zu erkennen, der durch Zurückschalten etwas „abgemildert" werden kann. Nach Bewältigung der Steigung kann das Kettenfahrzeug seine laufwerks- und antriebsseitigen Vorteile auf unbefestigtem Untergrund nutzen und eine höhere Geschwindigkeit erzielen als das Radfahrzeug.

Da aber der reine Geschwindigkeitsverlauf – wie schon erwähnt – nicht das einzige Kriterium zur Beurteilung eines Fahrzeuges darstellt, wird noch zusätzlich eine Auswertung für den Zeitverlauf durchgeführt.

Diese zeigt ein überraschendes Ergebnis. Geht man vom Geschwindigkeitsverlauf gemäß Bild 49 aus, wäre die erste Einschätzung sofort, dass das Kettenfahrzeug dem Radfahrzeug eindeutig unterlegen ist (natürlich immer bezogen auf das ausgewählte Wegprofil).

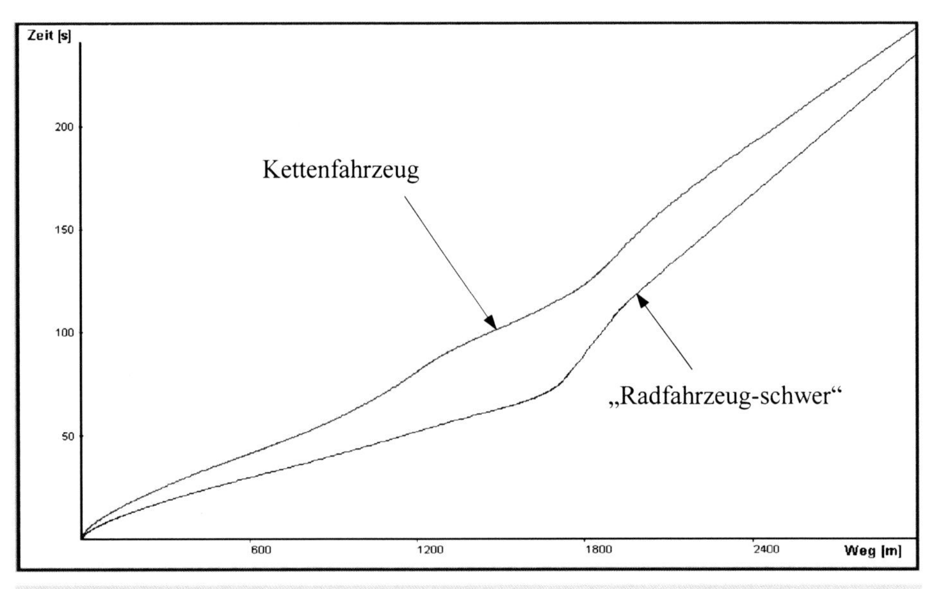

Bild 50: Missionsprofilauswertung: Zeitverlauf zu Bild 48

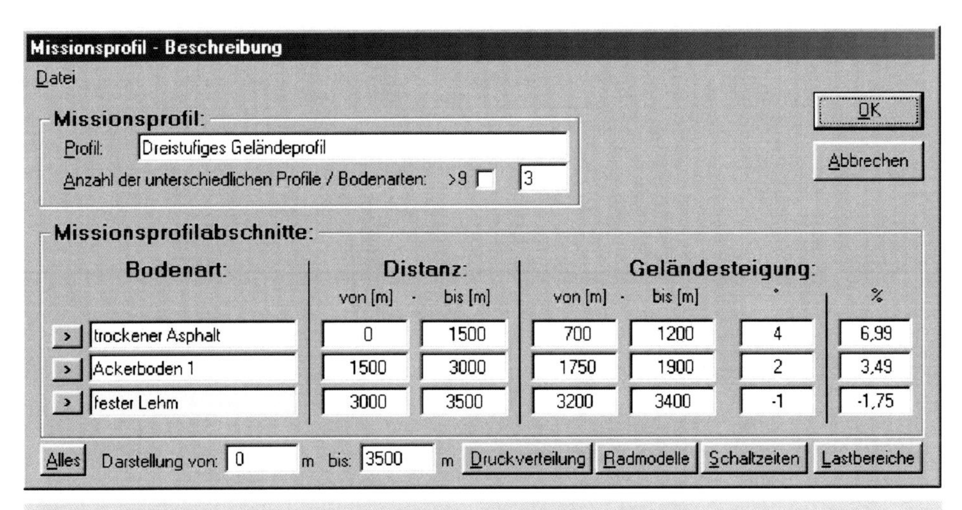

Bild 51: Eingabemaske „Missionsprofil“: dreistufiges Profil

Betrachtet man aber dazu noch den Zeitverlauf, so sieht man, dass das Kettenfahrzeug für dieses Wegprofil lediglich ~10 Sekunden länger benötigt als das Radfahrzeug. Und dies, obwohl bei ca. 1.500 m der Vorsprung des Radfahrzeuges bereits ~40 Sekunden betragen hat. Weiters ist zu erkennen, dass das Kettenfahrzeug das Radfahrzeug in absehbarer Zeit einholen würde, da ja seine erzielbare Fahrgeschwindigkeit auf Ackerboden – siehe Bild 49 – höher ist als die des Radfahrzeuges. Dies ist auch aus dem flacheren Anstieg des Zeitverlaufs ersichtlich.

Das Kettenfahrzeug kann offensichtlich auf unbefestigtem Untergrund seine (konzeptbedingten) Vorteile ausspielen.

Erweitert man das zu bewältigende Wegprofil noch um die Bodenart ‚fester Lehm‘ – wie in Bild 51 dargestellt, so kann das Kettenfahrzeug seine Vorteile noch deutlicher nutzen.

Vergleicht man die Bilder 52 und 53, so ist – da es sich ja um die gleichen Teilabschnitte handelt – bis 3.000 m kein Unterschied zu erkennen.

Ab dem Übergang auf festen Lehm kommt es jedoch zu dem bereits unter 5.1. erwähnten Verhalten des Radfahrzeuges – immer unter der Voraussetzung, dass keine Fahrerreaktionen (Vermeiden des Hochschaltens durch Reduktion des Motor-Lastbereiches, Anpassung des Reifendruckes etc.) einfließen. Es beginnt eine Beschleunigungsphase, die auch zum Hochschalten in den nächsthöheren Gang führt (vgl. Bild 40 und Bild 43).

In diesem Gang ist jedoch die vom Fahrzeug zur Verfügung gestellte Umfangskraft geringer als die auf das Fahrzeug wirkenden Roll- bzw. Fahrwiderstände – es kommt zu einer Geschwindigkeitsreduzierung.

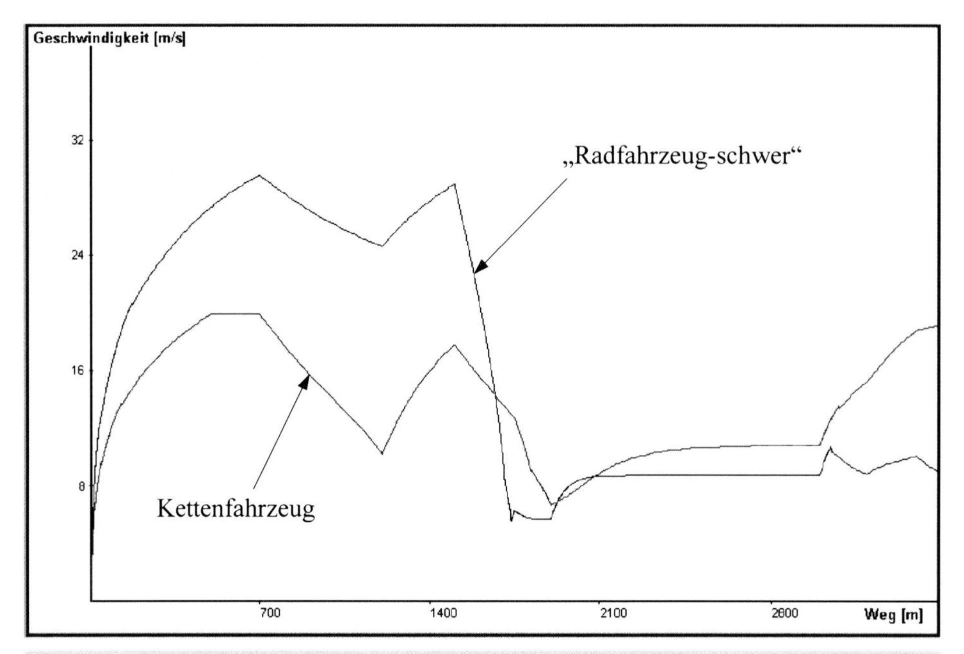

Bild 52: Missionsprofilauswertung: Kettenfahrzeug vs. „Radfahrzeug-schwer“ auf dreistufigem Geländeprofil

Anschließend kann ab 3.200 m die Geschwindigkeit wieder erhöht werden, da ein Gefälle (–1°) befahren wird. Dies hilft auch, die Motordrehzahl in einen Bereich höheren Drehmoments zu steigern, wodurch dieser Geschwindigkeitsgewinn nach Ende des Gefälles aufrechterhalten werden kann.

Das Kettenfahrzeug zeigt auf festem Lehm uneingeschränktes Vortriebsvermögen. Die im Vergleich mit Ackerboden etwas geringere maximal übertragbare Zugkraft auf festem Lehm, die während des Anfahrvorganges zu durchdrehender Kette geführt hat (vgl. Bild 43), übt in diesem Fall keinen Einfluss auf den Vortrieb aus, da die vom Fahrzeug aufgebrachte Antriebskraft durch den höheren Gang bereits reduziert wurde.

Betrachtet man nun noch den Zeitverlauf in Bild 53, so ist sofort ersichtlich, dass das Kettenfahrzeug das gesamte Geländeprofil schneller bewältigen kann als das Radfahrzeug. Speziell ab 3.000 m – dem Übergang auf sandigen Lehm – verflacht der Zeitverlauf, da ab dort das Kettenfahrzeug mit weitaus höherer Geschwindigkeit fahren kann.

Nimmt man nun beispielhaft ein allgemeines Geländeprofil, wie in Bild 54 gezeigt, und wertet dieses für das „Radfahrzeug-leicht“ aus, so erhält man ein Ergebnis, wie in Bild 55 dargestellt.

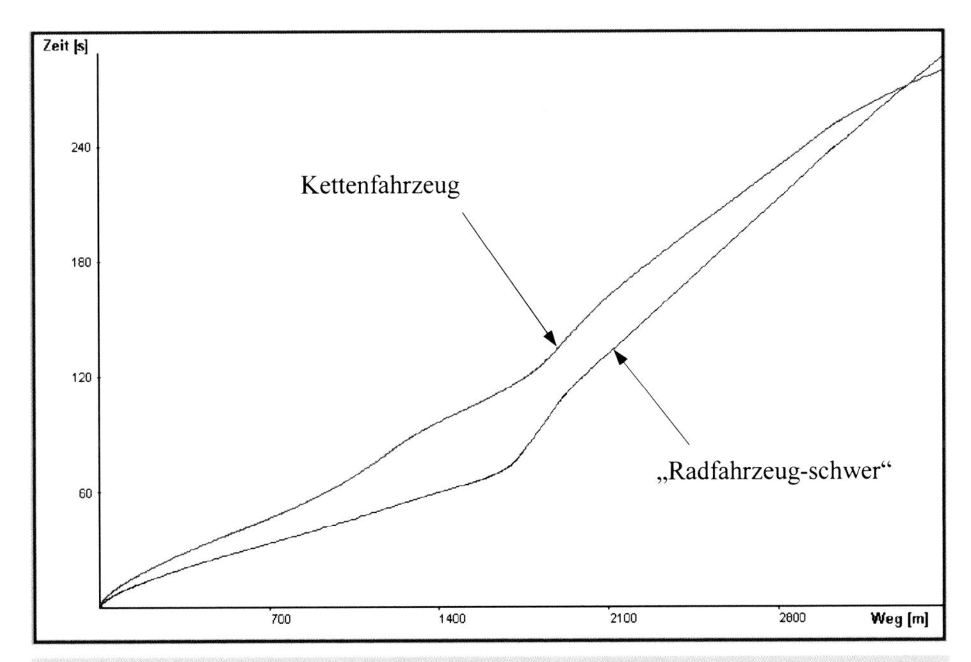

Bild 53: Missionsprofilauswertung: Zeitverlauf zu Bild 52

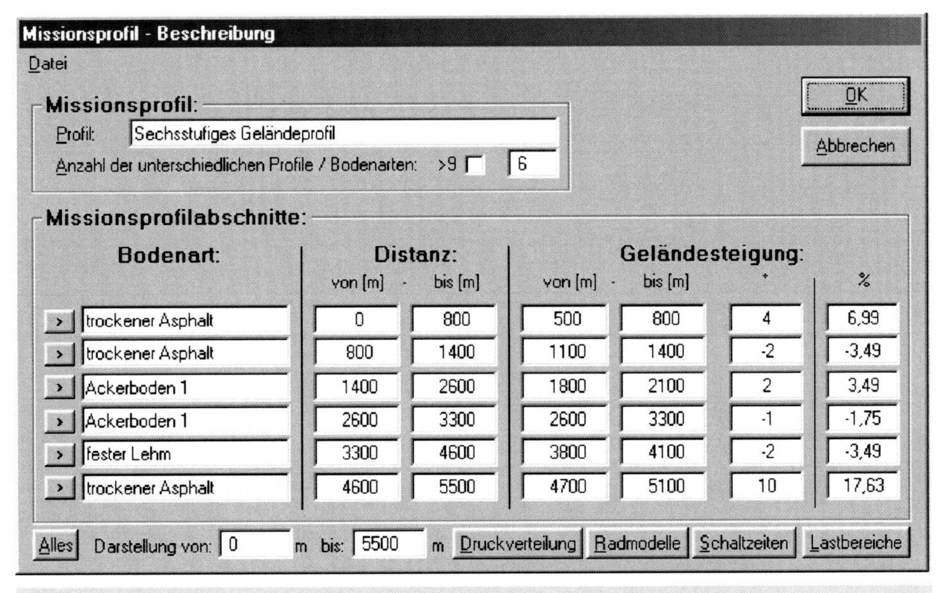

Bodenart:	Distanz: von [m]	Distanz: bis [m]	Geländesteigung: von [m]	Geländesteigung: bis [m]	+	%
trockener Asphalt	0	800	500	800	4	6,99
trockener Asphalt	800	1400	1100	1400	-2	-3,49
Ackerboden 1	1400	2600	1800	2100	2	3,49
Ackerboden 1	2600	3300	2600	3300	-1	-1,75
fester Lehm	3300	4600	3800	4100	-2	-3,49
trockener Asphalt	4600	5500	4700	5100	10	17,63

Bild 54: Eingabemaske Missionsprofil: dreistufiges Profil, verlängert

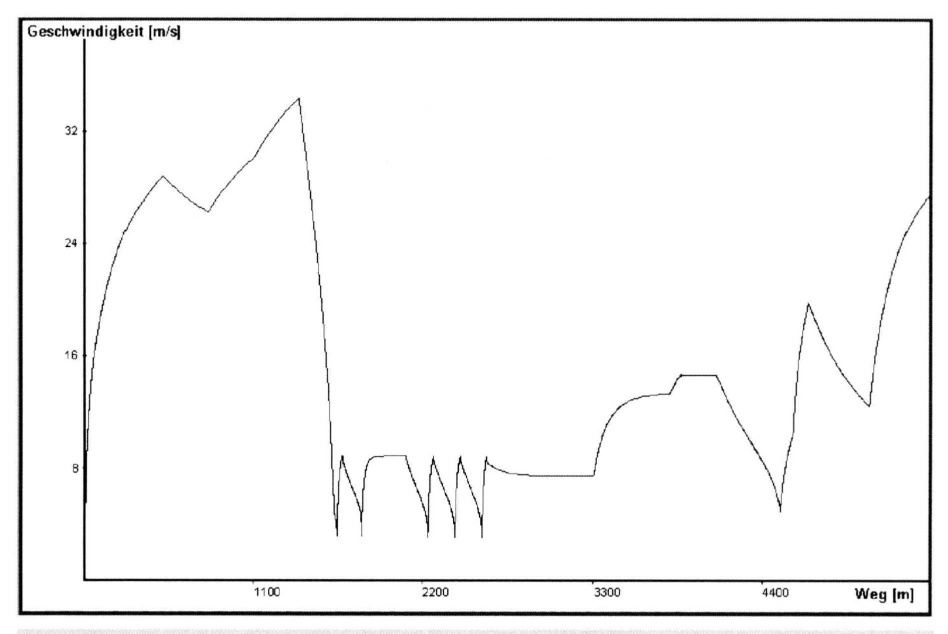

Bild 55: Missionsprofilauswertung: „Radfahrzeug-leicht“

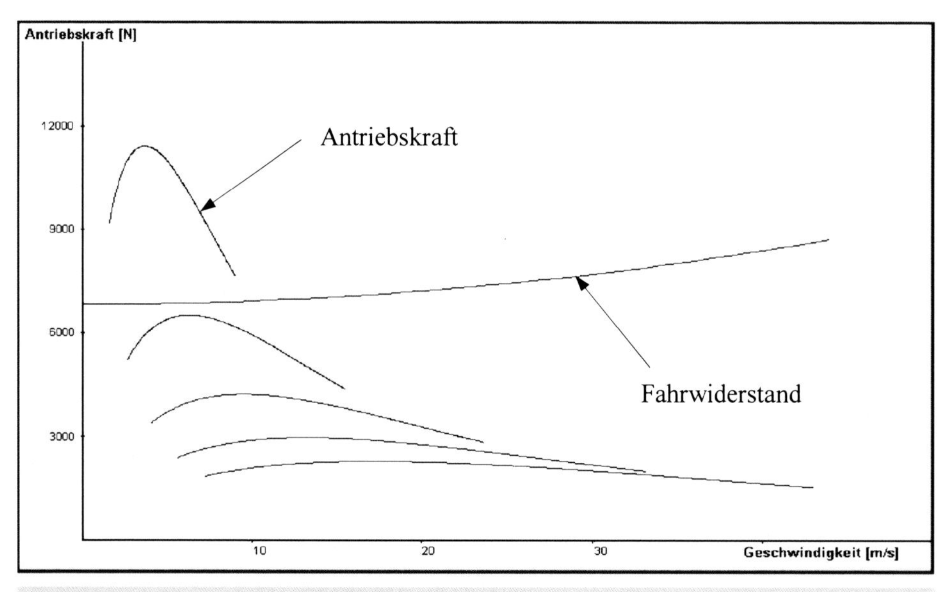

Bild 56: Fahrschaubild: „Radfahrzeug-leicht“

Besonders auffällig ist die stetige Geschwindigkeitszu- und -abnahme im Wegabschnitt zwischen ca. 2.200 m und 2.600 m. Diese lässt sich folgendermaßen erklären:

Da als Voraussetzung gilt, dass für diese Auswertungen keine subjektiven Fahrerreaktionen in die Auswertung miteinbezogen werden, fährt das Fahrzeug mit konstantem Motor-Lastbereich (hier: Volllast). Es erreicht die Schaltdrehzahl und es wird in den nächsthöheren Gang geschaltet. In diesem Gang reicht die Vortriebskraft nicht aus, um die Geschwindigkeit zu halten – das Fahrzeug wird wieder langsamer (noch immer mit konstantem Motor-Lastbereich), solange, bis die Drehzahl zum Zurückschalten erreicht wird. Ab hier beginnt der gleiche Ablauf wieder von vorne.

Dies wird besonders anschaulich, wenn man das Fahrschaubild betrachtet. Bild 56 zeigt dieses Fahrschaubild in Form einer graphischen Gegenüberstellung des Antriebskraftverlaufes für die einzelnen Gänge und des Fahrwiderstands (als Summe aus Roll-, Luft- und Steigungswiderstand) für die Bodenart „Ackerboden 1", jeweils in Abhängigkeit von der Fahrgeschwindigkeit.

Man sieht, dass die Antriebskraft im ersten Gang über den gesamten Drehzahlbereich höher ist als der Fahrwiderstand. Wird bei Erreichen der Schaltdrehzahl (= Höchstdrehzahl) in den nächst höheren Gang geschaltet, fällt das Niveau der Antriebskraft unter den Fahrwiderstand – es kommt zu einer Verlangsamung des Fahrzeuges.
Dies geschieht solange, bis zurückgeschaltet wird, die Antriebskraft über den Fahrwiderständen liegt und Beschleunigung wieder möglich ist.

Reduziert man nun im Bereich von 1.400 m bis 2.600 m den Lastbereich des Motors auf 80%, so sieht man, dass zwar die Steigung (2°) dadurch nur langsamer befahren werden kann, die Strecke zwischen 2.200 m und 2.600 m jetzt jedoch mit konstanter Geschwindigkeit passiert wird. Diesen Verlauf zeigt Bild 57.

Betrachtet man auch den Zeitverlauf über diese Wegstrecke, so sieht man, dass trotz Reduktion der Motorleistung in einem kurzen Abschnitt das gesamte Wegprofil schneller bewältigt werden kann, als wenn ständig mit Volllast gefahren werden würde (vgl. Bild 58).

Eine situationsbedingte Reduktion des Motorlastbereiches ist aber nur durch den Operator möglich – und damit ist schon gezeigt, wie wichtig neben allen technischen Ausstattungsmerkmalen nach wie vor der *Faktor Mensch* bei Mobilitätsbetrachtungen ist. All seine subjektiven respektive intuitiven Entscheidungen und Reaktionen auf Geländetopographien beeinflussen in höchstem Maße das Mobilitätsverhalten einer terrestrischen Plattform.

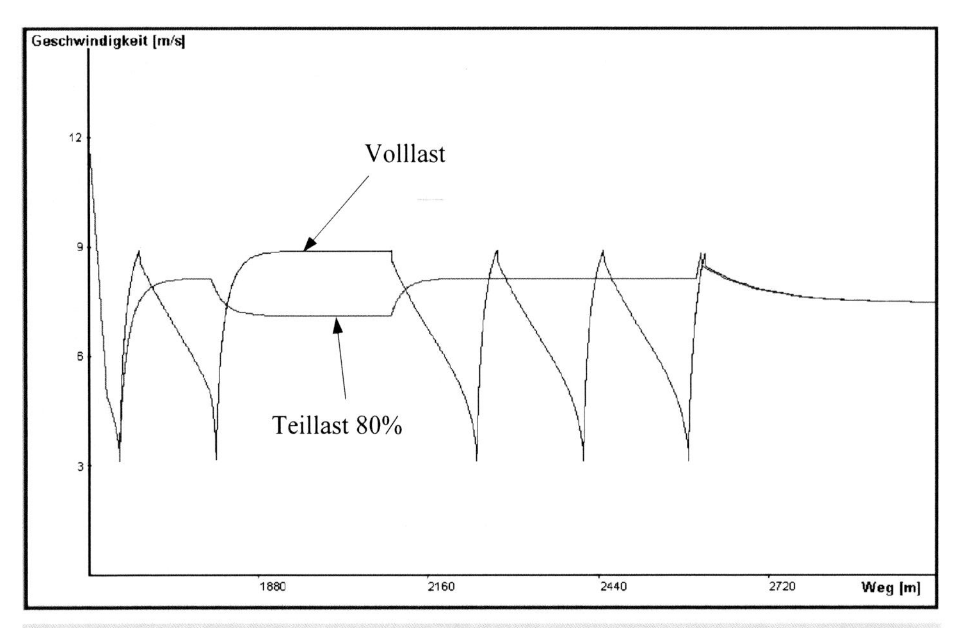

Bild 57: Missionsprofilauswertung: Variation des Motor-Lastbereiches zu Bild 55

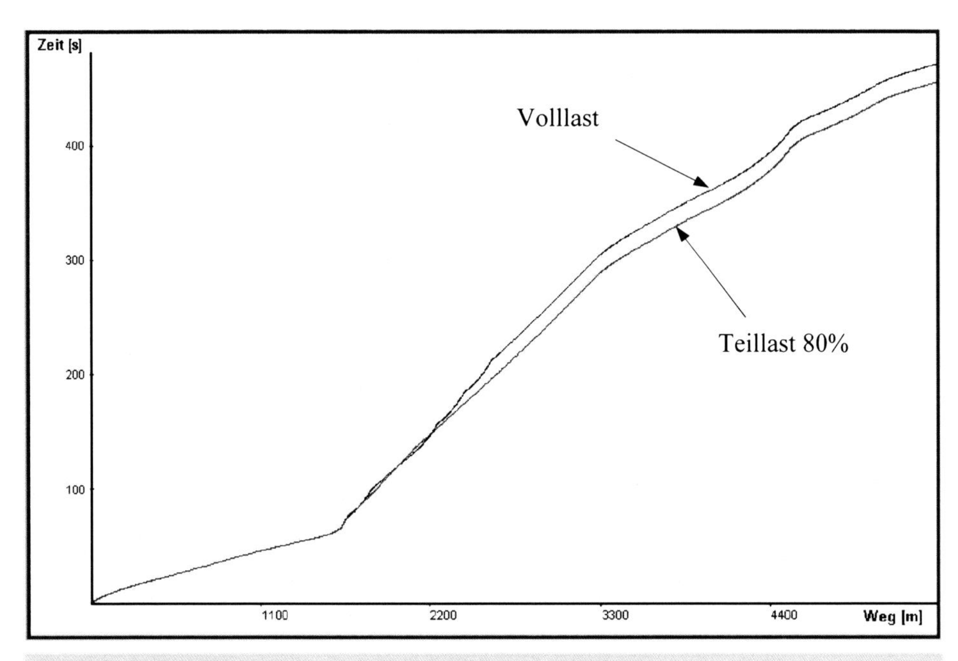

Bild 58: Missionsprofilauswertung: Zeitverlauf zu Bild 55

5.3 Der Faktor Mensch

In weiterer Folgen werden nun beispielhaft Parameteranalysen gezeigt, die vornehmlich nur diejenigen Parameter betreffen, die vom Operator während der Fahrt aktiv (bewusst oder unbewusst) beeinflusst werden können.

Wie schon unter 3.7. kurz erwähnt, haben die Schaltzeiten (Schaltschwellen) des Getriebes einen großen Einfluss auf das Vortriebsverhalten. Dieser Einfluss ist umso größer, je länger und topographisch wechselnder das zu befahrende Gelände ist.

Unter den Schaltschwellen bzw. Schalt-Drehzahlen des Getriebes versteht man jene Drehzahlen, bei denen in den nächsthöheren bzw. -niedrigeren Gang geschaltet wird.

Bild 59 zeigt für das „Radfahrzeug-schwer“ die Eingabemaske zur Festlegung der Schalt-Drehzahlen. Man sieht, dass für jeden Gang individuell festgelegt werden kann, wann geschaltet wird (hoch bzw. zurück). Im vorliegenden Fall ist für jeden Gang die Motor-Höchstdrehzahl (3.400 U/min, siehe auch Bild 57) als Schaltzeitpunkt zum Hochschalten ausgewählt. Zurückgeschaltet wird im vorliegenden Fall bei jeweils 1.050 U/min.

Eine weitere Variationsmöglichkeit wäre nun die Änderung dieser Schaltzeiten.
Betrachtet man das Wegprofil wie in Bild 44 dargestellt und nimmt an, dass der Fahrer des „Radfahrzeuges-schwer“ die Schaltzeiten von:

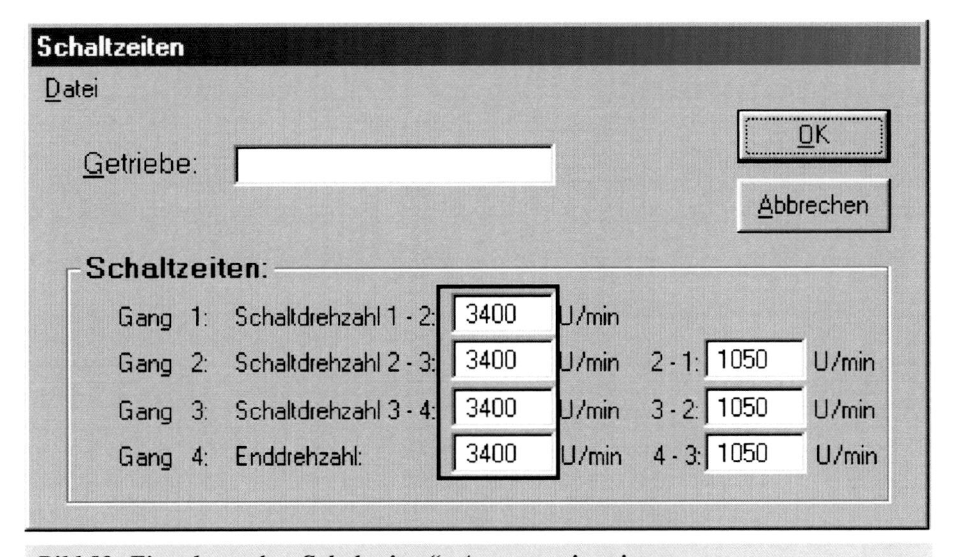

Bild 59: Eingabemaske „Schaltzeiten“: Ausgangssituation

(entspricht Kurve 1 in Bild 61 und 62) auf:

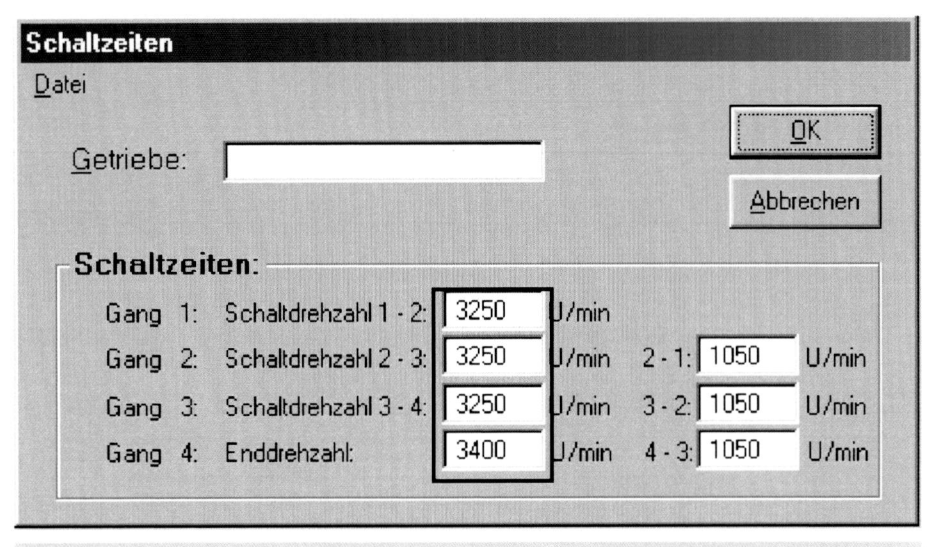

Bild 60: Eingabemaske „Schaltzeiten": Variation der Hochschalt-Drehzahlen

(entspricht Kurve 2 in Bild 61 und 62) ändert, so erhält man einen Geschwindigkeitsverlauf, wie in Bild 61 dargestellt. Auffallend ist, dass sich die geänderten Schaltzeitpunkte auf ebener Strecke (bis 700 m) kaum auswirken. Kurz vor Erreichen der Steigung bei 700 m wird jedoch noch ein Gang hochgeschaltet. Dadurch steht zur Bewältigung dieser Steigung weit weniger Vortriebskraft zur Verfügung und der Geschwindigkeitsverlust ist entsprechend größer, als würde man im niedrigeren Gang bleiben. Diese geänderte Charakteristik wirkt sich über das ganze Wegprofil aus, bis bei 4.250 m das ursprüngliche Geschwindigkeitsniveau wieder erreicht werden kann.

Man sieht also, dass im vorliegenden Fall das Hochschalten bei niedrigeren Drehzahlen einen ungünstigen Einfluss auf den Geschwindigkeitsverlauf hat.

Anmerkung: In der Realität würde wohl auf der Steigung zumindest um einen Gang zurückgeschaltet. Diese Auswertung soll nur den Einfluss der Schaltzeitpunkte auf die Bewältigung eines bestimmten Wegprofils zeigen.

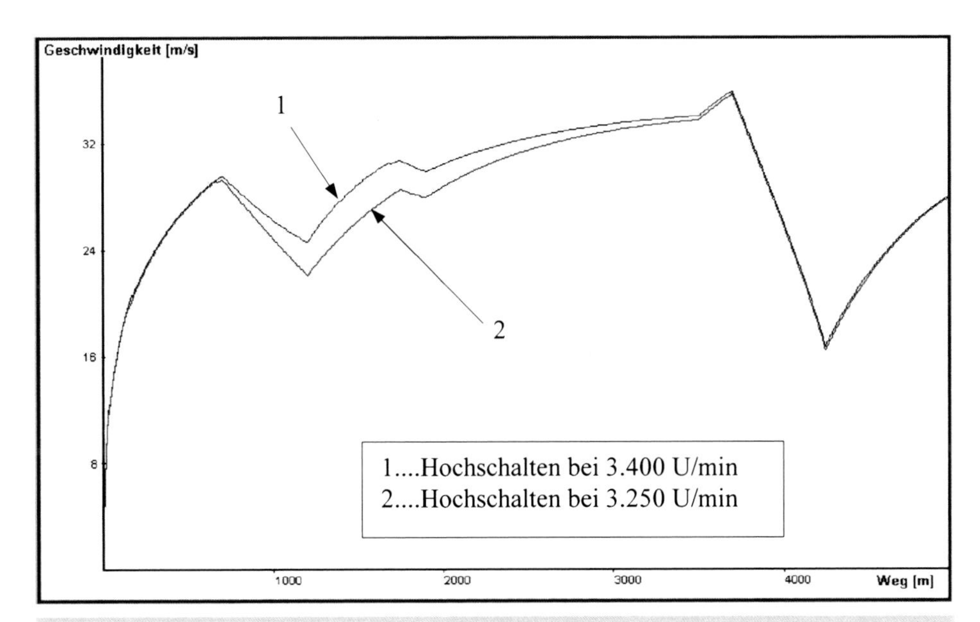

Bild 61: Missionsprofilauswertung: Variation der Schalt-Drehzahlen

Die zeitlichen Auswirkungen der geänderten Schaltzeitpunkte auf das Befahren dieses Wegprofils zeigt Bild 62.

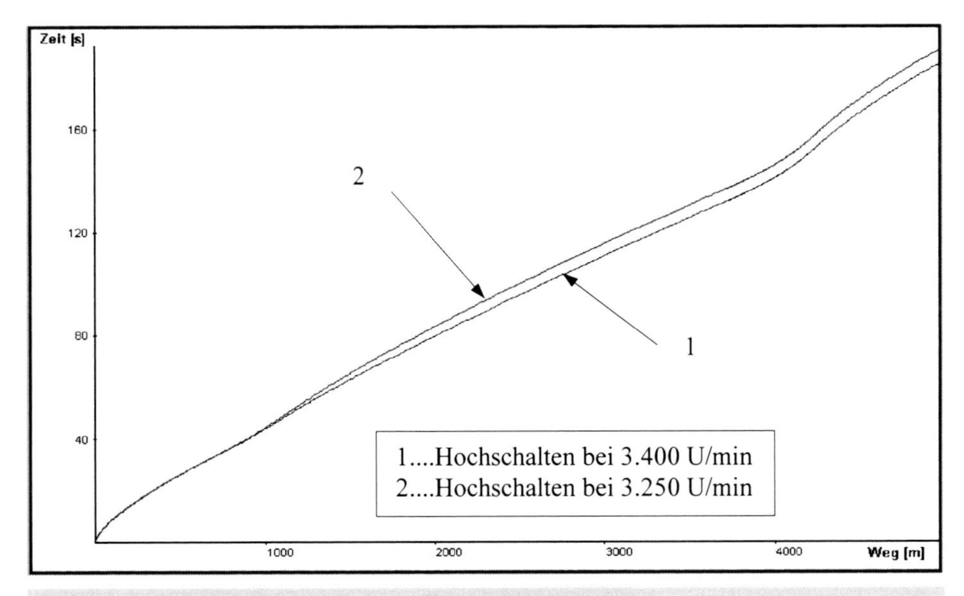

Bild 62: Missionsprofilauswertung: Zeitverlauf zu Bild 61

Ändert der Fahrer nun die Schaltzeitpunkte für „Zurückschalten“, so kann speziell bei Steigungen ein Vorteil erzielt werden. Werden nun die Schaltzeiten von:

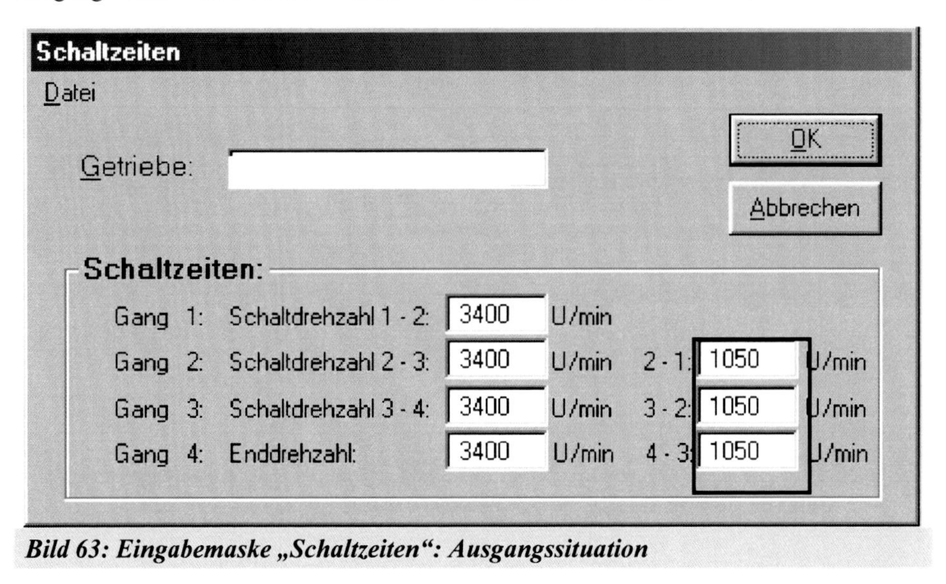

Bild 63: Eingabemaske „Schaltzeiten“: Ausgangssituation

(entspricht Kurve 1 in Bild 65 und 66) auf:

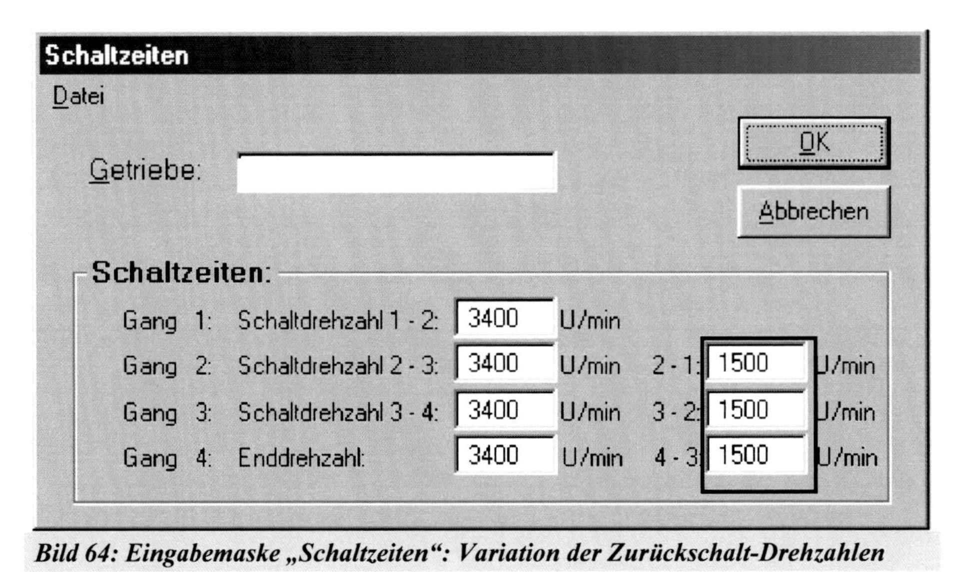

Bild 64: Eingabemaske „Schaltzeiten“: Variation der Zurückschalt-Drehzahlen

(entspricht Kurve 2 in Bild 65 und 66) geändert, so sieht man, dass bei Befahren der 7°-Steigung weiter – weil früher – zurückgeschaltet wird und dadurch bei Erreichen der ebenen Wegstrecke in einem niedrigeren Gang gefahren wird, womit mehr Vortriebskraft zur Verfügung steht und dadurch eine weitaus größere Geschwindigkeitszunahme erzielt werden kann.

Betrachtet man den Zeitverlauf in Bild 66, so ist der Unterschied nur gering, könnte sich aber bei einem entsprechend längeren Wegprofil durchaus stärker positiv auswirken.

Generell sieht man, dass die Kombination Motor-Getriebe und – im Falle eines Automatikgetriebes – speziell die Abstimmung/Beeinflussung der Schaltzeiten auf die Motordrehzahl bzw. den Drehmomentverlauf einen sehr wesentlichen Einfluss auf das Mobilitätsverhalten eines Fahrzeuges haben können.

Diese zwei einfachen Beispiele zeigen, wie wichtig es für eine gesamtheitliche Mobilitätsanalyse ist, den Operator mit seinen möglichen subjektiven Reaktionen in das Modell miteinzubeziehen.

Dazu werden nun in einem ersten Schritt standardisierte menschliche Reaktionsmuster definiert, wobei einschränkend gilt, dass es im Simulationsprozess keine Reaktion auf eine bereits gesetzte Reaktion gibt.

Zur Illustration wird nachfolgend anhand beispielhafter Reaktionsmuster der Einfluss dargestellt.

Basis für diese Auswertungen sei wieder ein Missionsprofil gemäß Bild 46 und das „Radfahrzeug-leicht".

Bild 67 zeigt die Initialauswertung ohne jegliche Fahrerreaktion unter der Annahme, dass die gesamte Strecke unter Motorvolllast befahren wird.

Nun wird der Streckenabschnitt auf zwischen 1.750 m und 1.900 m – die Steigung auf Ackerboden – etwas eingehender betrachtet. Speziell auf losem Untergrund ist die Annäherung an und das Bewältigen von Steigungen eine kritische Situation. In einem ersten Ansatz wird davon ausgegangen, dass der Fahrer die Motorlast reduziert – konkret auf Halblast (50%) 20 m vor Steigungsbeginn und dass er unmittelbar nach Beginn der Steigung wieder auf Volllast erhöht.
Die Auswertung dieses Reaktionsmusters zeigt Bild 68.

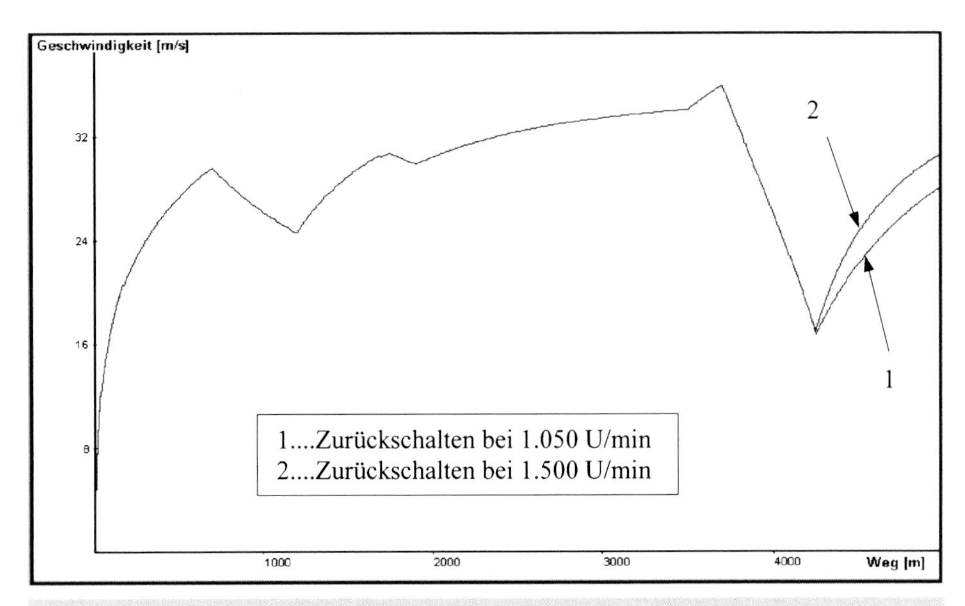

Bild 65: Missionsprofilauswertung: Variation der Schalt-Drehzahlen

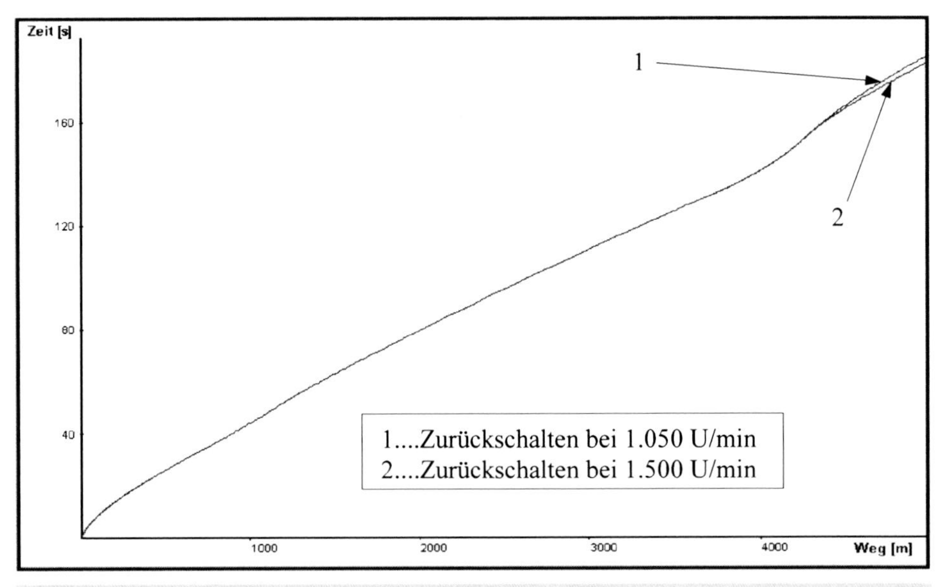

Bild 66: Missionsprofilauswertung: Zeitverlauf zu Bild 65

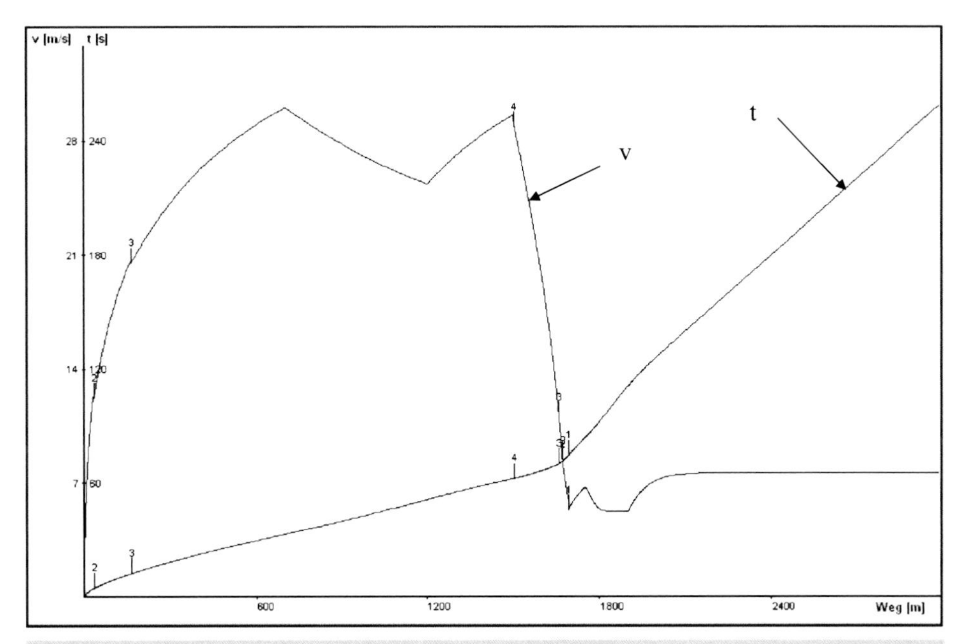

Bild 67: Missionsprofilauswertung: Ausgangssituation

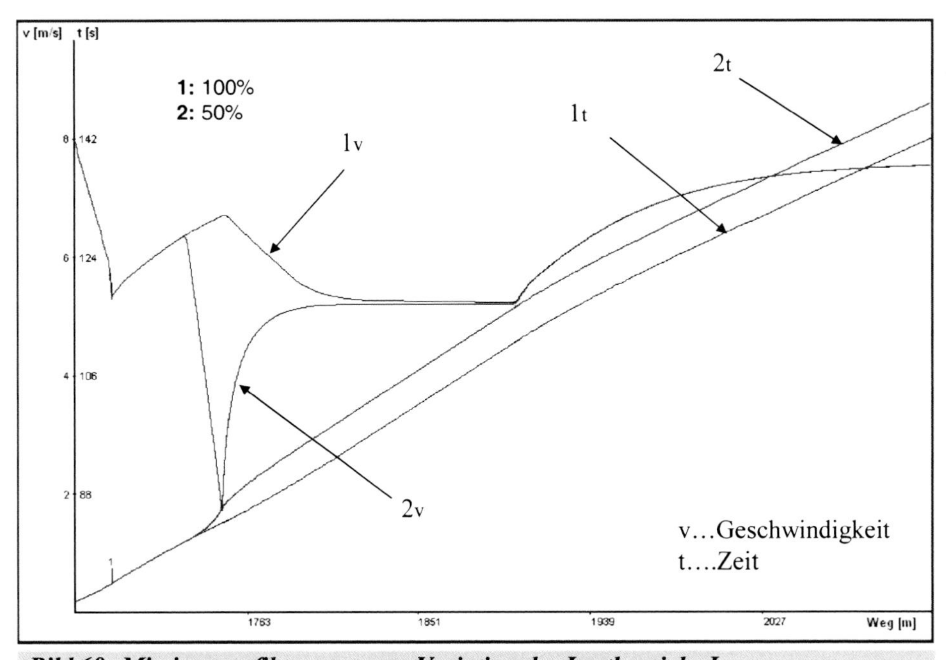

Bild 68: Missionsprofilauswertung: Variation des Lastbereichs I

Wird eine Steigung befahren und der Fahrer ist mit dem Gelände nicht vertraut, so ist es oft ratsam, kurz vor der Kuppe – wiederum – die Vortriebskraft zu reduzieren, um nicht mit zu hoher Geschwindigkeit auf unbekanntes Terrain zu kommen. Um dieses Szenario zu simulieren, werden zwei Verhaltensmuster untersucht.

Einmal reduziert der Fahrer die Motorlast auf 75%, ein weiteres Mal auf 50%, jeweils 10 m vor Ende der Steigung. Auf der Kuppe wird dann wieder zur Volllast zurückgekehrt.

Das Mobilitätsverhalten für diese Szenarien zeigt Bild 69.

Es ist ersichtlich, dass eine Reduktion der Motorlast mit einem signifikanten Geschwindigkeitsabfall einhergeht – im Falle der 50%-Reduktion kommt das Fahrzeug sehr nahe einem Stillstand, was wiederum auf Steigungen in Kombination mit unbefestigtem Boden zu kritischen Situation führen kann, da ein Anfahren manchmal nicht mehr möglich sein könnte.

Dies führt zur nächsten Betrachtung – einem (im Vorfeld geplanten) taktischen Halt.

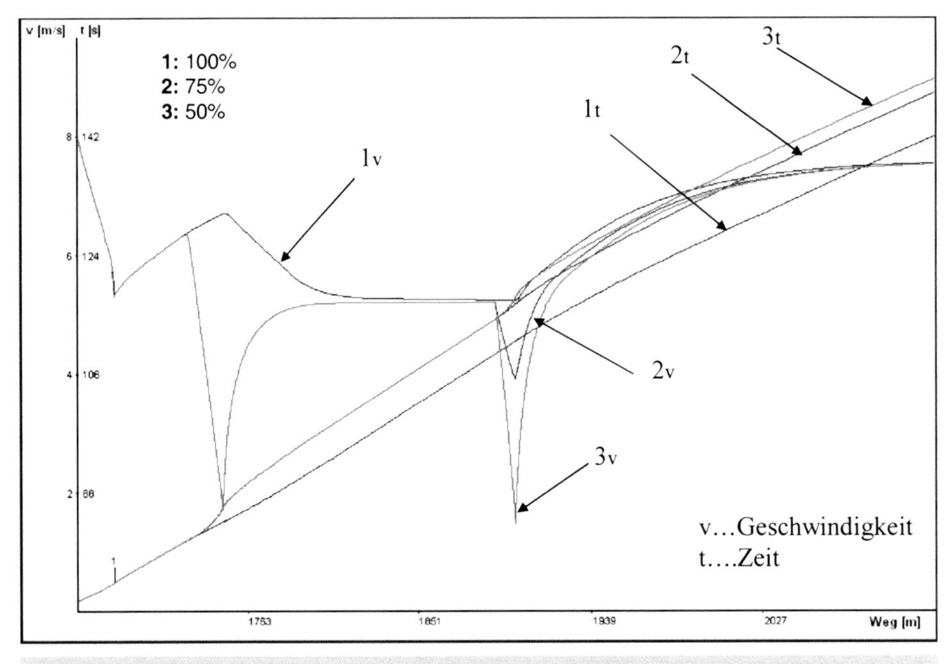

Bild 69: Missionsprofilauswertung: Variation des Lastbereichs II

Betrachtet wird wieder das Missionsprofil gemäß Bild 46 und beispielhaft seien folgende Haltepunkte mit einer Standzeit von jeweils 20 Sekunden vorgegeben:

- Halt 1 bei 600 m
- Halt 2 bei 1.800 m
- Halt 3 bei 2.400 m

Die Auswertungen zu diesen 3 Szenarien sind in Bild 70 dargestellt.

Auf den ersten Blick – ohne Betrachtung der Simulationsergebnisse – erscheint der Halt bei 1.800 m als ungünstig gewählt, da er genau im Bereich der Steigung auf Ackerboden liegt. Die Analyse zeigt aber erstaunliche Ergebnisse.

Wird die benötigte Zeit zur Bewältigung des gesamten Profils betrachtet, so sieht man, dass der Halt im Bereich der Steigung auf Ackerboden der günstigste Ort ist und ein Halt auf trockenem Asphalt – bezogen auf die benötigte Zeit – der ungünstigste Ansatz. Dies lässt sich damit erklären, dass ein Anhalten auf Asphalt im Bereich einer – möglichen – hohen Geschwindigkeit erfolgt und der Zeitverlust nicht mehr wettgemacht werden kann. Ein Stoppen bei niedrigen Geschwindigkeitsniveaus führt generell zu geringerem Zeitverlust.

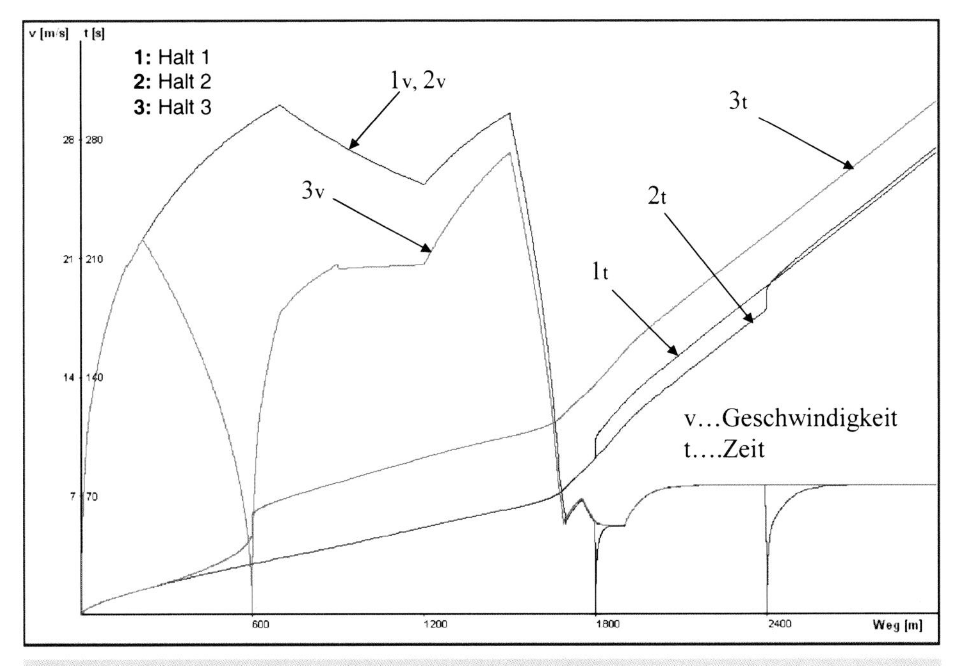

Bild 70: Missionsprofilauswertung: taktischer Halt

Ein weiteres Szenario eines menschlichen Verhaltensmusters sind Reaktionen beim Übergang von einer Bodenart zu einer anderen. Bis jetzt wurde vorausgesetzt, dass dieser Übergang ohne jegliche Änderung des Fahrzustandes geschieht.

Realitätsnäher ist aber, dass der Fahrer sehr wohl zumindest einmal die Geschwindigkeit reduziert, wenn eine signifikante Änderung der Bodenart erkennbar wird. Im vorliegenden Beispiel bei Übergang von Asphalt auf Ackerboden.

Drei Reaktionsmuster werden wiederum beispielhaft ausgewertet:

- Situation 1: Der Fahrer bleibt bei Volllast.
- Situation 2: Der Fahrer reduziert die Motorlast innerhalb 1s auf Leerlauf (Motorbremswirkung) und bremst – beides 200 m vor dem Übergang.
- Situation 3: Der Fahrer reduziert die Motorlast innerhalb von 10s auf Leerlauf (Motorbremswirkung) 500 m vor dem Übergang und bremst, beginnend 200 m vor dem Übergang.

Die Simulationsergebnisse zeigt Bild 71.

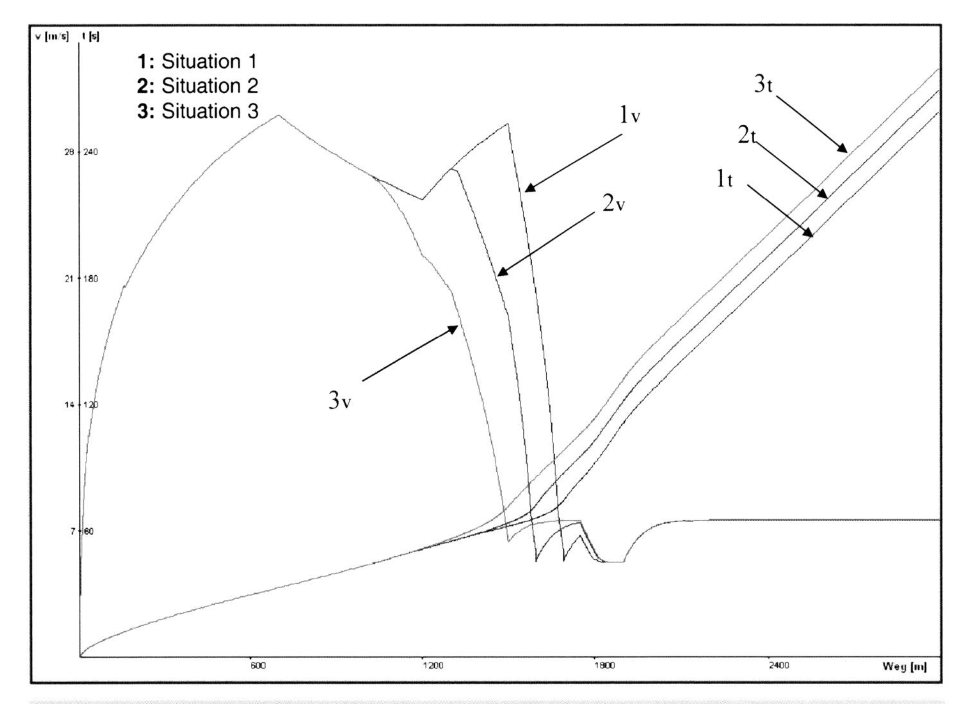

Bild 71: Missionsprofilauswertung: Annäherung an eine signifikante Untergrundänderung

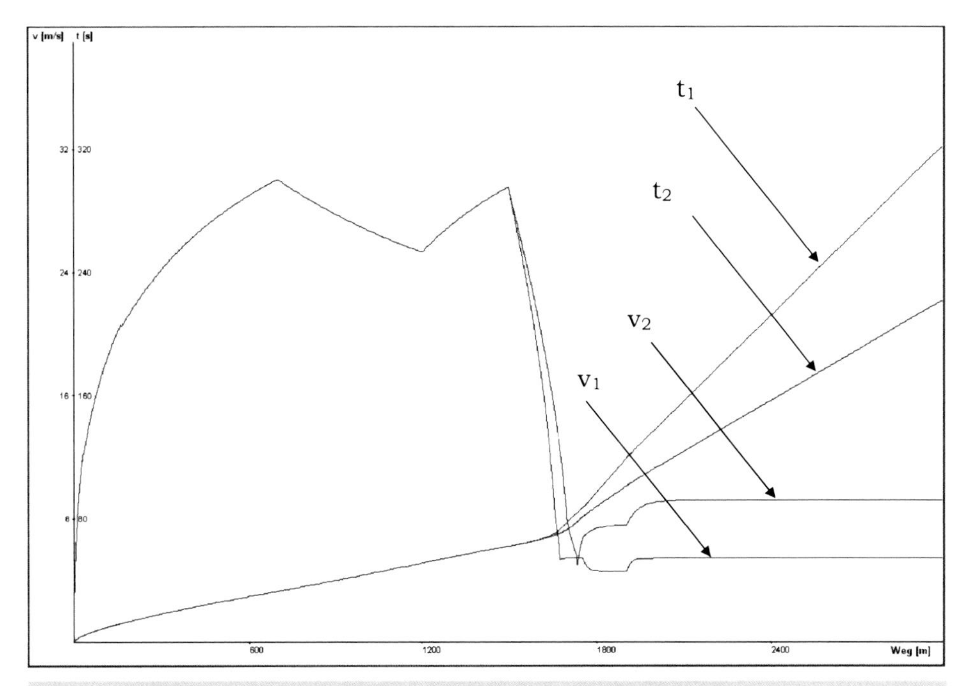

Bild 72: Missionsprofilauswertung: Variation des Reifendrucks I

Als Abschluss beispielhafter Simulationen menschlicher Verhaltensmuster sei nun der Einsatz technischer Traktionshilfen vorgestellt. Ist nun ein Radfahrzeug mit einer zentralen Reifendruckregelanlage (CTIS – Central Tire Inflation System) ausgestattet, so ermöglicht dies, während der Fahrt den Reifendruck anzupassen um gegebenenfalls den Bodendruck zu verringern und dadurch eine Reduktion des Fahrwiderstandes zu erreichen, wodurch das Mobilitätsverhalten verbessert wird.

Wird nun das Missionsprofil einmal mit nominalem Reifendruck befahren – Kurve 1 in Bild 72 – und ein weiteres Mal mit einem um 1/3 reduzierten Reifendruck – Kurve 2 in Bild 72 – so ist eindeutig eine Verbesserung der Mobilität erkennbar.

Wird der Reifendruck noch weiter – auf die Hälfte des nominalen Drucks – abgesenkt, ist zwar kurzfristig eine weitere Verbesserung möglich, diese führt aber dazu, dass die Schaltdrehzahl des Motors erreicht wird und einen Gang hochgeschaltet wird. Im nächst höheren Gang kann aber – trotz verbesserter Laufwerk-Boden-Interaktion durch geringeren Reifendruck – die Vortriebskraft nicht aufrechterhalten werden und die Geschwindigkeit fällt signifikant ab (siehe Kurve 3 in Bild 73).

Wenn nun aber der Fahrer die Motorlast ein wenig reduziert, so dass die Schaltdrehzahl des Motors nicht erreicht wird, kann der Vorteil des reduzierten Reifendrucks optimal umgesetzt werden (siehe Kurve 4 in Bild 74).

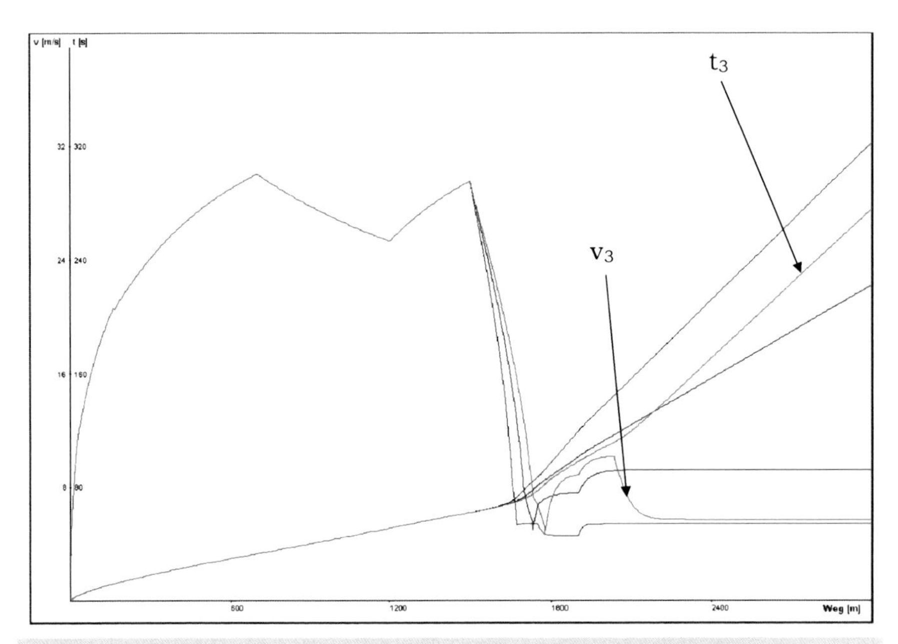

Bild 73: Missionsprofilauswertung: Variation des Reifendrucks II

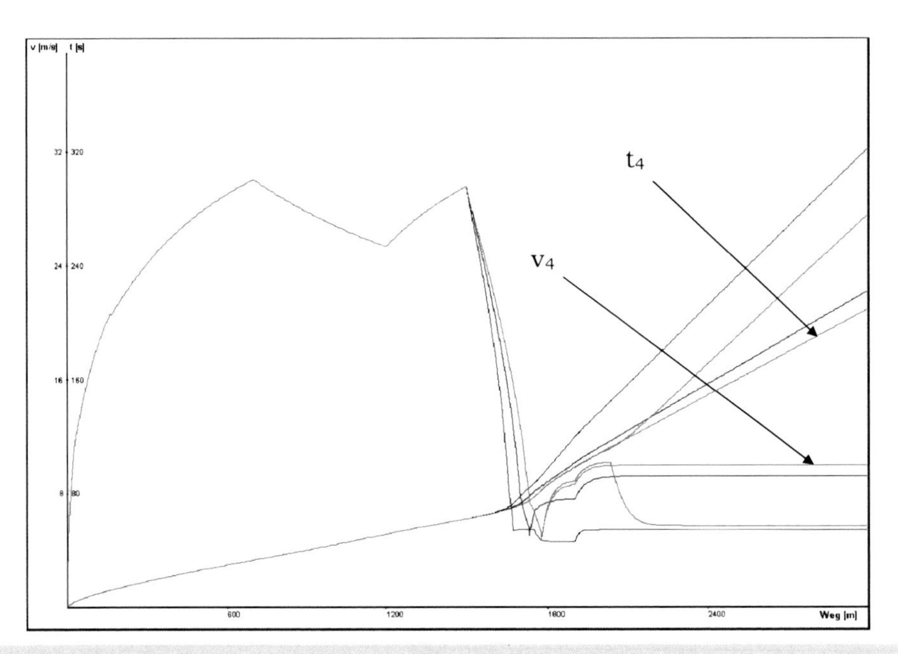

Bild 74: Missionsprofilauswertung: Variation des Reifendrucks und des Lastbereiches

6 Resümee

6.1 Zusammenfassung

Die dargestellten Untersuchungen zeigen, dass bei der Bewertung der Mobilität eines Fahrzeuges bzw. eines Laufwerkskonzeptes keineswegs nur die reinen Leistungseckdaten bzw. eventuell gar nur die (theoretisch) zu erzielende (Höchst-) Geschwindigkeit auf einer bestimmten (Norm-)Bodenart, sondern insbesondere die Bodenbeschaffenheit im geplanten Einsatzraum mit zur Beurteilung herangezogen werden muss. Aussagekräftige Beurteilungen des Mobilitätsverhaltens von Fahrzeugen oder von Fahrzeugverbänden lassen sich nur unter Berücksichtigung des Wechselspiels der Interaktion Laufwerk-Untergrund mit antriebsseitigen Fahrzeugparametern in hinreichend gut bekannten oder entsprechend erkundeten Einsatzräumen gewinnen.

Zu einer derart umfassenden Beurteilung gehört aber unbedingt auch die Mitbeurteilung des „Faktors Mensch". Dies kann natürlich nur näherungsweise erfolgen. Eine Bewertung von standardisierten Reaktionsmustern ist jedoch möglich und auch immer praxisgerechter sowie heute bereits hinreichend realitätsnahe erreichbar (siehe *autonome* sensorgestützte Plattformsteuerungen). Insbesondere auf unbefestigten Böden spielen menschliche Entscheidungen eine nicht zu vernachlässigende Rolle im Mobilitätsverhalten terrestrischer Plattformen. Für Schulungs- und Trainingszwecke können Simulationen von grundlegenden Verhaltensmustern wertvolle Unterstützung bieten und mithelfen, bestimmte Fahrsituationen qualitativ richtig einschätzen und angepasst reagieren zu lernen. Auch etwaige mobilitätsbezogene Flottenplanungen – das Zusammenwirken heterogener Fahrzeugklassen zur Erfüllung bestimmter Aufträge bzw. Aufgaben in zugewiesenen Einsatzräumen – werden durch derartige Simulationsmöglichkeiten kostengünstig und zeitsparend umsetzbar.

6.2 Ausblick

Die Weiterentwicklung des vorliegenden Simulationsmodells vorausgesetzt wäre eine Einarbeitung von *lokalen Hindernissen* (d. h. die Hindernisgröße entspricht ungefähr der Fahrzeugdimension) vorstellbar und wünschenswert. Darüber hinaus wäre die Erweiterung auf dreidimensionale Fahrzeugmodelle sinnvoll, wodurch z. B. für jede Fahrzeugseite unterschiedlicher Untergrund (‚μ-Split') definierbar wäre. Dies würde auch die Erfassung von querdynamischen Einflüssen – wie z. B. unterschiedlicher Rollwiderstand an der linken und rechten Fahrzeugseite und dadurch entstehende Drift bzw. Lenktendenz des Fahrzeuges – ansatzweise ermöglichen.

Die wachsende Zahl an Beteiligungen des Österreichischen Bundesheeres bei internationalen Einsätzen lässt es auch wünschenswert erscheinen, in den jeweils vorgesehenen Einsatzräumen repräsentative Bodenproben zu nehmen respektive vor Ort aussagekräftige Bodenparameter bei typischen Witterungsbedingungen zu ermitteln. So könnte Zug um Zug eine sehr nützliche, jederzeit verfügbare eigene Datenbank über weltweit ausgewiesene Bodenbeschaffenheiten aufgebaut werden – analog etwa dem eingeschränkt verfügbaren (amerikanischen) NRMM (NATO Reference Mobility Model).

In letzter Konsequenz wäre es auch möglich, im Wege spezifischer Versuchsanordnungen, etwa in Gestalt einer „Single-Wheel"-Testvorrichtung, in Verbindung mit konkreten Böden bzw. Bodenzuständen die für eine jeweilige Untergrund- Reifen- bzw. Kettenkombination auftretenden Parameter zu ermitteln und auf diese Weise sehr realitätsnahe Datensätze in einer Datenbank für zukünftige Analysen und Simulationen aufzubauen. Dies könnte erlauben, in Zukunft bereits im Vorfeld von Einsätzen sehr realistische Einblicke in das Mobilitätsverhalten terrestrischer Plattformen in vorgesehenen Einsatzräumen und/oder bei unterschiedlichen Witterungszuständen kostengünstig und rasch zu gewinnen.

7 Abbildungsverzeichnis

8 Tabellenverzeichnis

9 Literaturverzeichnis

BEKKER, M. G.: Off the Road Locomotion. Ann Arbor: The University of Michigan Press, 1960.

BEKKER, M. G.: Theory of Land Locomotion. Ann Arbor: The University of Michigan Press, 1962.

BEKKER, M. G.: Introduction to Terrain-Vehicle Systems. Ann Arbor: The University of Michigan Press, 1969.

FÖRSTER, H. J.: Automatische Fahrzeuggetriebe. Springer Verlag, 1991.

HOHL, G.: Geländegängige Kraftfahrzeuge. Vorlesungsskriptum, TU-Wien, 1995.

KORLATH, G.: Beschleunigung und Höchstgeschwindigkeit von Kettenfahrzeugen auf unbefestigtem Untergrund. Diplomarbeit, TU-Wien, 1997.

LUGNER/DESOYER: Fahrzeugdynamik. Vorlesungsskriptum, TU-Wien, 1997/98.

MARTEAU, P.-L.: Beschleunigte Bergauffahrt im Gelände – Verhalten von Allradfahrzeugen mit offenem bzw. geschlossenem Längsdifferential. Diplomarbeit, TU-Wien, 1990.

MERHOF, W./ E. M. HACKBARTH: Fahrmechanik der Kettenfahrzeuge. Leuchtturm-Verlag, 1985.

MITSCHKE, M.: Dynamik der Kraftfahrzeuge. Springer Verlag, 1972.

PIPPERT, H.: Antriebstechnik. Vogel Verlag, 1974.

REIMPELL, J.: Fahrwerktechnik: Grundlagen. Vogel Verlag, 1995.

REIMPELL, J./K. H. HOSEUS: Fahrwerktechnik: Fahrzeugmechanik. Vogel Verlag, 1992.

SPRINGER, H.: Maschinendynamik. Vorlesungsskriptum TU-Wien, 1991.

STÜPER, J.: Automatische Automobilgetriebe. Springer Verlag, 1965.

TERZAGHI, K.: Theoretische Bodenmechanik. Springer Verlag ,1954.

WONG, Y. J.: Terramechanics and Off-Road Vehicles. Elsevier, 1989.

WONG, Y. J.: Computer-Aided Evaluation of Off-Road Vehicle Performance, CCG-Kurs, 1991.

WONG, Y. J.: Theory of Ground Vehicles. Second Edition. John Wiley, 1993.

YONG, R. N.: Vehicle Traction Mechanics. Elsevier 1984.

Kurzbiographie

Dipl.-Ing. Dr. techn. Guido KORLATH

Geboren 1968, Studium des Maschinenbaus und der Betriebswissenschaften an der Technischen Universität Wien.

Ab 1998 Leitungsfunktionen in der Industrie im Bereich Forschung und Entwicklung auf dem Gebiet des Sondermaschinenbaus.

2003 Promotion an der Technischen Universität Wien.

2004–2010 Aktuar der Mathematisch-Naturwissenschaftlichen Klasse der Österreichischen Akademie der Wissenschaften (ÖAW).

2011 Absolvent Strategischer Führungslehrgang der österreichischen Bundesregierung.

Seit 2004 Mitwirkung in der ÖAW-Kommission für die wissenschaftliche Zusammenarbeit mit Dienststellen des Bundesministeriums für Landesverteidigung und Sport als Experte für Mobilität terrestrischer Plattformen.

Gutachtertätigkeit für die Zeitschriften *Journal of Automobile Engineering* und *Journal of Terramechanics*.

Externer Evaluator *Vehicle Engineering Module* der Universität Pretoria, Republik Südafrika.

Auszeichnungen der Diplomarbeit und der Dissertation durch den Fachverband Fahrzeugindustrie der Wirtschaftskammer Österreich.

Söhne-Hata-Jurecka Award for Young Scientists der International Society of Terrain Vehicle Systems.

Anerkennungspreis des Bundesministeriums für Landesverteidigung (Dissertation).

Mitglied des Wehrtechnisch-Naturwissenschaftlichen Beirats der Wissenschaftskommission des Bundesministeriums für Landesverteidigung und Sport.

Mitglied des *Industry Liaison Committee (ILC), International Society of Terrain Vehicle Systems*.

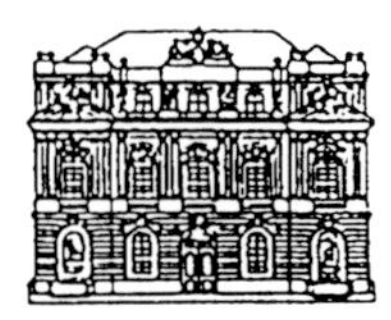

VERLAG DER ÖSTERREICHISCHEN AKADEMIE DER WISSENSCHAFTEN
WIEN 2011

Folgende Publikationen sind inzwischen erschienen:

- **Projektbericht 1:**
  Elisabeth Lichtenberger: Geopolitische Lage und Transitfunktion Österreichs in Europa. Wien 1999.
- **Projektbericht 2:**
  Klaus-Dieter Schneiderbauer und Franz Weber (mit einem Beitrag von Wolfgang Pexa): Stoß- und Druckwellenausbreitung von Explosionen in Stollensystemen. Wien 1999.
- **Projektbericht 3:**
  Elisabeth Lichtenberger: Analysen zur Erreichbarkeit von Raum und Gesellschaft in Österreich. Wien 2001.
- **Projektbericht 4:**
  Siegfried J. Bauer (mit einem Beitrag von Alfred Vogel): Die Abhängigkeit der Nachrichtenübertragung, Ortung und Navigation von der Ionosphäre. Wien 2002.
- **Projektbericht 5:**
  Klaus-Dieter Schneiderbauer und Franz Weber (mit einem Beitrag von Alfred Vogel): Integrierte geophysikalische Messungen zur Vorbereitung und Auswertung von Großsprengversuchen am Erzberg/Steiermark. Wien 2003.
- **Projektbericht 6:**
  Georg Wick und Michael Knoflach: Kardiovaskuläre Risikofaktoren bei Stellungspflichtigen mit besonderem Augenmerk auf die Immunreaktion gegen Hitzeschockprotein 60. Wien 2004.
- **Projektbericht 7:**
  Hans Sünkel und Alfred Vogel (Hrsg.): Wissenschaft – Forschung – Landesverteidigung: 10 Jahre ÖAW – BMLV/LVAK. Wien 2005.

- **Projektbericht 8:**
Andrea K. Riemer und Herbert Matis: Die Internationale Ordnung am Beginn des 21. Jahrhunderts. Eigenschaften, Akteure und Herausforderungen im Kontext sozialwissenschaftlicher Theoriebildung. Wien 2006.

- **Projektbericht 9:**
Roman Lackner, Matthias Zeiml, David Leithner, Georg Ferner, Josef Eberhardsteiner und Herbert A. Mang: Feuerlastinduziertes Abplatzverhalten von Beton in Hohlraumbauten. Wien 2007.

- **Projektbericht 10:**
Michael Kuhn, Astrid Lambrecht, Jakob Abermann, Gernot Patzelt und Günther Groß: Die österreichischen Gletscher 1998 und 1969, Flächen und Volumenänderungen. Wien 2008.

- **Projektbericht 11:**
Hans Wallner, Alfred Vogel und Friedrich Firneis: Österreichische Akademie der Wissenschaften und Streitkräfte 1847 bis 2009 – Zusammenarbeit im Staatsinteresse. Wien 2009.

- **Projektbericht 12:**
Andreas Stupka, Dietmar Franzisci und Raimund Schittenhelm: Von der Notwendigkeit der Militärwissenschaften. Wien 2010.

- **Projektbericht 13:**
Guido Korlath: Zur Mobilität terrestrischer Plattformen. Wien 2011.